FILICUM SPECIES

IN

HORTO REGIO BOTANICO BEROLINENSI

CULTAE.

RECENSITAE

A

HENR. FRID. LINK,

HORTI REGII BOTANICI DIRECTORE.

BEROLINI,

VEITII ET SOCII SUMPTIBUS.

1841.

PRAEFATIO.

Willdenowi, Botanici, dum vivebat, longe celeberrimi Enumeratio plantarum Horti Regii Botanici Berolinensis, quam litteris W. E. citavi, anno 1809 edita est. Numerus specierum e Filicum ordine, quae tunc temporis in Horto colebantur, 59 non superabat. Accuratissimam vero et uberrimam omnium Filicum recensionem idem Auctor in Tomo quinto Specierum plantarum 1810 (W. sp.) dedit. Post mortem Willdenowi praematuram Dnus de Schlechtendal, Professoris Halensis celeberrimi pater, Enumerationis supplementum 1813 publici juris fecit, in quo 12 species Filicum numero supra indicato additae sunt, ita ut omnium numerus esset 69. Quamvis in fine anni 1815 munus Directoris Horti Regii Botanici susceperam, tamen Herbarium Willdenowianum adire non licuit, plantasque in Horto cultas comparare, usque ad annum 1819, quo demum Herbarium sumtu Regio emtum est. Tunc Enumerationem plantarum Horti Regii Botanici alteram (E. a.) majore festinatione, quam placuit, conscribere opus erat, quae annis 1821 et 1822 duobus tomis comprehensa prodiit. In hac Enumeratione 138 species Filicum indicatae sunt. Anno 1833 Horti Botanici Regii descripti Tomum alterum (H. b.) edidi, et 286 Filicum species descripsi. Nolui genera mutare et inde nomina augere, cum de copia et confusione nominum omnes querant, qui alias Botanices studium magno ardore sequerentur. Nunc vero, cum video genera aucta esse et contra naturam mutata, in hocce libello feci quod potui, ut ad genera naturalia cognitio Filicum reduceretur. Horti descriptionem, qualem incepi non continuabo; praeter Filices enim nonnisi de Gramineis, Cyperoideis et Junceis in duobus Tomis tractata est, ita ut totum opus, nescio quot?, tomis, absolutum foret. Singulorum vero ordinum plantarum species et genera, uti nunc Filicum, et in posterum si fata favent, Botanicorum eruditorum judicio proponam et Coniferas Horti nostri propediem in Linnaea recensebo.

H. F. Link.

FILICES.

Radicatio fibrosa. ***Caulescentia*** fasciculis vasculosis seu ligneis separatis. ***Florescentia*** antheris nullis. ***Fructescentia*** embryone a semine non distincto. ***Generatio*** per prothallium.

Filices unam e quinque Vegetabilium classibus constituunt, quae sunt: Dicotyleae, Monocotyleae, Filices, Musci, Cryptophyta. A Dicotyleis et Monocotyleis floribus et seminibus minus perfectis facile distinguuntur, a Muscis et Cryptophytis vasorum praesentia.

Radicatio semper fibrosa est, ut in Monocotyleis; radiculae constant, ut in aliis plantis vasculosis, e fasciculo vasculoso seu ligneo in medio posito, absque medulla, cortice ambiente, uti solet, e contextu celluloso composito. Cfr. ***Icon. anat. bot. sel. Fasc.* 3 *t.* 1. *f.* 2 *et* 3. *t.* 2., *f.* 9 *et* 10.**

Caulescentia varia est, semper vero caulescentiae Monocotylearum magis analoga, quam Dicotylearum. ***Caulis*** emersus non repens rarior invenitur in Filicibus, nec nisi in Equisetaceis et Ophioglosseis, plerumque in terra, arborum truncis, rupibus radiculis emissis repit. Saepius ***rhizoma*** sistit, vario flexum, ut solet, aut terrae incumbens, rh. emersum, aut sub terra repens, rh. subterraneum. Structura horum caulium eadem est, quae Monocotylearum; constant enim e fasciculis vasculosis seu ligneis separatis in orbem positis nec in annulum connatis, ut in Dicotyleis. Differunt vero a Monocotyleis eo, quod unicus tantummodo fasciculorum orbis adsit, cum plures plerumque in Monocotyleis reperiantur, tum, quod crassitie plerumque inaequales sint, cum aequales semper in Monocotyleis existant. Cfr. ***Icon. anat. bot. sel. Fasc.* 3. *t.* 2. *f.* 1. 3—7. 11. 12.** Plerumque caulis in ***cormum*** mutatus est, seu in caulem abbreviatum cum petiolis coadunatum, cujus structuram exposui in ***Icon. anat. bot. sel. Fasc.* 3. *t.* I. *f.* 1. 1,. 5.** Hicce caulis interdum praesertim in calidis regionibus. arborescens fit, seu in *cauloma* extenditur, de cujus structura, uti de caulis structura in genere in *Abh. d. Berl. Akad. d. Wiss. ex anno* 1834 disserui, et icones proposui. — Caulis Lycopodiacearum a reliquis valde recedit, fasciculo vasculoso seu ligneo in medio, medulla nulla, unde caulis rhizodes dici meretur.

Foliatio Filicum non minus varia et abnormis. Folia vera tantummodo in Salviniaceis et Lycopodiaceis occurrunt. In Equisetaceis caulibus accreta sunt versus apices tantummodo in vaginulas soluta. In reliquis Filicibus cum inflorescentia intime coadunata *frondes* formant. Petioli frondium, melius stipites vocandi, fasciculos vasculosos seu ligneos plures continent variae crassitiei nec non formae, cum non solum cylindrici et cylindroidei sed quoque flexi reperiantur. Nunquam vero in orbem aut annulum positi inveniuntur ut in caule. sed dimidiata forma et situ semicirculari structuram petioli referunt. Non raro contextu celluloso fusco aut badio cincti sunt, unde singulares istae figurae, in Pteride aquilina jamdudum notae. Structuram internam stipitum cuivis speciei peculiarem et characteres inde peti posse non negaverim, at cave, ne obiter indices, uti saepe factum est, nam fasciculi lignei saepe parvi sunt, et in basi stipitis aliter sese habent, ac in apice frondis. De structura interna frondis locutus sum in *Abh. d. Berl. Ak. d. W. ex anno* 1835. et icones dedi. Cfr. quoque *Ic. an. bot. sel. F.* 3. *t.* 1. *f.* 7—11. *t.* 2. *f.* 2. 3. 8. Pedunculum cum petiolo esse connatum non negabis, sed vestigia pedunculi in stipite invenienda esse, non affirmaverim. — Frons aut simplex est, et tunc interdum laciniata, aut composita et tunc plerumque pinnata. Pinnae quoque aut inferne decrescunt (fr. decrescens) aut majores fiunt (fr. pyramidata). Si pinnulae usque ad rachin non separatae sunt, pinnellas dixerim. Variat forma pinnarum non raro in una eademque stirpe, ita ut videre liceat pinnas longiores et breviores, breviter et longe acutatas seu acuminatas et obtusiusculas juxta positas.

Calyx et corolla deficiunt. *Involucrum* vero interdum reperitur tenue, membranaceum, plura germina cingens tegensve in Polypodiaceis, *indusium* vocatum aut includens in Equisetaceis eodem nomine vocandum, uti equidem puto. Antherae verae, pollinem continentes fructificantem non inveniuntur in Filicibus, sed horum loco interdum corpuscula analoga, quae *antheridia* dicas. Ejusmodi sunt fila sub sporangiis posita in Equisetaceis, indusiis inclusa, quae Hedwigius jamjam stamina salutavit. In Polypodiaceis inter sporangia antheridia saepe emergunt, plerumque clavata, rarius filiformia, rarissime bifida, in parte superiore materiam grumosam continentia, aut ibidem materiam, quae ceracea videtur exsudantia. Sprengelius primus indicavit, sed postea rejecit. Blumius in Flora Javae icone sed non satis aucta illustravit. Preslius dum de reliquis Auctoribus silet, iconem antherae sic dictae proponit, quae procul dubio sporangium est juniore statu, nam vera antheridia longe aliam formam habent. Icones dedi in *Icon. anat. bot. sel. Fasc.* 3, *t.* 3, *f.* 1—5. Historiam exposui in *Abh. d. Berl. Ac.* tomo nondum impresso. — In Salviniaceis semper, in Lycopodiaceis interdum in eadem stirpe fructus duplicis formae reperiuntur, quorum alii veri fructus videntur, alii antheridia.

Cum antheridiorum functio nondum sit perspecta et declarata, nos latet, an semina Filicum, quibus experientia teste propagantur, vera sint semina fecundata speciem propagantia, an gemmulae non fecundatae, individuum continuantes. Quam ob rem semina sic dicta ***sporas*** vocaverim et sporarum conceptaculum, ***sporangium.*** Saepe sporangia parte quanam externa et aliena nec ad fructum pertinente sustentantur aut includuntur, quae ***sporidochium*** dici potest. Si vero sporangia parte propria ad fructum pertinente inclusa sunt, ***sporicarpium*** dico, uti in Salviniaceis etc. deprehenditur.

Sporangia in Lycopodiaceis tantummodo ex axillis foliorum prodeunt, uti in plantis perfectioribus. Et hac in re a reliquis Filicibus valde recedunt. In his vero vix non semper e pagina aversa folii frondisve emergunt et quidem plura apposita, quae ***sorum*** formant. In Salviniaceis situs iste in paginn folii interiore non satis declaratus est, sporangia tamen plerumque sporidochiis inclusa sunt, foliis adhaerentia. In Equisetaceis indusia sporangifera sub ramulo brevissimo frondis fertilis peltatim dilatato affixa dependent. In reliquis Filicibus vero manifeste e pagina aversa frondis exeunt. Saepe ***gyromate*** instructa sunt, parte singulari, e cellulis in orbem positis constructa, angustissimis firmis et amplis teneris alternantibus. Illae saepe coloratae harum quasi septum constituunt.

Germinatio fit, dum sporae nucleus in cellulas viridi colore tinctas extenditur, peridio non dejecto; sed cum nucleo adhaerente simul extenso. Hac extensione prothallium formatur, seu pars variae formae, semper tamen minus explicata, quam stirps ex ipsa demum enata. Conveniunt Filices et hac in re cum Monocotyleis in quibus cotyledon sic dictus e semine prodit, et stirpem postea e gemma emittit.

Filices rarissime *annuae* sunt, saepius *perennes*, saepissime vero frondes sempervirentes producunt. Has *perennantes* dixerim, cum frutex caulem poscat, supra terram elatum.

Ordines naturales plantarum a Botanicis constituti, non omnes ejusdem sunt indolis. Ordines primi generis plantas continent, quarum partes omnes in eodem gradu perfectionis seu evolutionis sunt constitutae. Huc pertinent Filices, quorum partes non quidem valde imperfectae minime vero perfectae vocari possunt, testibus radice, caulescentia, foliatione, florescentia et fructu. Graminearum quoque ordo hujusmodi est aliarumque e. g. Cyperacearum. Ordines secundi generis plantas continent, quarum una aliave pars constans permanet, dum reliquae per omnes evolutionis et perfectionis gradus transeunt. Sic in Leguminosis legumen non valde variat, dum folia a simplicissimo gramineo ad maxime compositum Mimosearum transeunt, et flores regulares simpliciores earundem Mimosearum ad elegantem formam Papilionacearum. Ordines tertii generis plantas continent, quarum partes in valde diversis gradibus evolutionis constitutae sunt, ita ut sese in ipsa evolutione impedire videantur, sicuti Orchideae, Asclepiadeae etc. Cfr. *Propylaeen der Naturgeschichte Berl.* **1839**, *p.* **83**.

Divisiones filicum tres constitui possunt.

1. ***Rhizospermae.*** Folia explicata. Sporidochia sporangia includentia, juxta radiculas posita.

2. ***Peltispermae.*** Folia cum caule connata. Sporidochia in spicam posita, subtus sporicarpia membranacea gerentia, sporangiis inclusis.

3. ***Epiphyllospermae.*** Folia cum inflorescentia in frondem coadunata. Sporangia in pagina aversa frondis.

4. ***Thecaspermae.*** Folia cum inflorescentia in frondem coadunata. Sporangia in sporidochio ex margine frondis prodeunte.

5. ***Maschalospermae.*** Folia explicata. Sporangia in axillis foliorum.

I. RHIZOSPERMAE.

ORDO I.

SALVINIACEAE.

Folia explicata. ***Fructescentia*** e sporidochiis sporangia includentibus. ***Sporangia*** dimorpha.

Caulis stolones sistit aut cormum. Folia pro genere diversa, a simplici forma ad compositam transeuntia. Sporidochia in Marsilea et Salvinia e foliis videntur constructa, in Icoëte e bulbodii gemmulis seu propaginibus, in Pilularia e ramo stolonis mutato. Sporangia dimorpha, quorum altera massam grumosam nec sporas globosas continentia antheridia vocari possunt.

1. PILULARIA.

Caulis stoloniformis. ***Folia*** sessilia filiformia. ***Sporidochia*** solitaria quadrilocularia; ***sporicarpia*** membranacea dimorpha in eodem loculo, alia clavata globulos plures continentia (antheridia), alia subglobosa sporangium solitarium laxe ambientia.

Folia juniora circinnata. Sporidochia hirta, ramis junioribus incrassatis haud dissimilia. Sporicarpia a membrana tenuissima cellulis magnis constructa sunt. Sporangia globulosa ob massam grumosam antheridia dicenda. Sporangium solitarium campaniforme truncatum sub medio parum constrictum breviter pedicellatum sporas globosas rima parva seu sulco notatas continens, cum indusio Polypodiacearum comparaverim.

1 P. ***globulifera*** foliis filiformibus adultis glabris, junioribus hirtis, sporidochiis sessilibus et subsessilibus globosis

Diagnosis. Caulis tenuis in fundo lacuum repens. Folia tenuia 2—4 poll. longa acuta flexilia Sporidochia pisi magnitudine.

P. globulifera *Linn. W. sp.* 5. 535. *H. b.* 2. 155. *Schkuhr Kr.* 178. *t.* 173. *Bischof cryptog. Gewächse* 2. *Lfrg. Corda rhizosp. et hep.* 1. 8.

Hab. ad lacus Europae mediae et borealis. Perenn. Indig.

Germinationem observarunt Bischofius l. c. et Car. Mueller. Flora 23. 545. 721.

2. MARSILEA.

Caulis stoloniformis. Folia petiolata quaternata. ***Sporidochia*** solitaria et bina, multilocularia; ***sporicarpia*** membranacea, dimorpha in eodem loculo, alia pedicellata globulos plures (antheridia) continentia alia oblonga sporangium solitarium arcte includentia.

Caulis in fundo lacuum repens petiolos saepe longissimos emittens, qui in superficie aquae folia quaternata natantia sustinent. Vernatio circinnata. Sporidochia pedicellata e foliis connata, dissepimento longitudinali, aliisque pluribus transversalibus, hinc multilocularia. Sporicarpia alia intra sporidochium pedicellata, globulos plures continent massa grumosa refertos, hinc antheridia vocanda, alia sporangium oblongum arcte cingunt intus sporis globosis rima seu sulco notatis refertum, quod non minus ac in Pilularia cum indusio Polypodiacearum comparaverim.

1. M. ***quadrifolia*** foliis longe petiolatis, foliolis cuneatis antice rotundatis integerrimis, sporidochiis brevius pedunculatis plerumque binis glabris.

D. Petioli secundum lacus profunditatem breviores, longiores, foliola antice 4—8 lin. lata basi angustissima. Pedunculi poll. longi.

M. quadrifolia *Linn. W. sp.* 5. 536. *W. E.* 1076. *E. a.* 2. 464. *H. b.* 2. 156. *Schkuhr Kr.* 180 *t.* 173. *Bischoff cr.* 2. *Lfrg.*

Hab. in paludosis Europae australis. Perenn. T.

3. SALVINIA.

Caulis stoloniformis natans. ***Folia*** subsessilia simplicia.. ***Sporidochia*** dimorpha, alia globulos pedicellatos (antheridia) continentia, alia sporangia oblonga pauciora pedicellata includentia.

Caulis seu cormus multas emittit radiculas septatas intra aquam demersas. Folia subopposita dense posita. Sporidochia in stolonis facie inferiore juxta folia posita majora minoraque. Sporicarpium membranaceum interiorem paginam sporidochii investit, a sporidochio igitur non diversum. Globuli massam gramosam continent, hinc antheridia dicenda; sporangia sporas includunt oblongas, in quibus vero rimam seu sulcum non vidi.

1 S. ***natans*** foliis ellipticis obtusissimis subpetiolatis supra fasciculato-pilosis, subtus ferrugineis, sporidochiis aggregatis sessilibus.

D. Radiculae longissimae. Folia 6—8 lin. longa, 4 lin. lata. Sporangia globosa.

S. natans. ***Micheli Hoffmann Willd. sp.* 5. 536. *E. a.* 2. 461. *H. b.* 2. 157. *Schkuhr Kr.* 181. *t.* 173. *Bischoff crypt. Gew.* 2. *Lfrg. Corda rhizosp. et hep. f.* 1. 9.**

Hab. in Europa media et australi. Annua. T.

4. ISOËTES.

Cormus bulbiformis. ***Folia*** vaginata cylindrica. ***Sporidochia*** dimorpha, alia subglobosa in basi foliorum exteriorum sporangia continentia globosa et tetraëdra, alia oblonga in basi foliorum interiorum globulos minutos includentia (antheridia).

Cormus bulbiformis, vaginis foliorum amplis circumpositis, radiculis septatis ex inferiore parte demissis. Folia loculosa basi vaginante sporidochium cingunt. Sporidochium in foliis exterioribus tenue, ita ut sporangia globosa appareant intus fibris distinctum, in foliis interioribus minus tenue opacum. Sporicarpia vix ulla. Sporangia in sporidochiis exterioribus peridio exteriore crustaceo intertribus, inter germinationem trivalvi, interiore tenui laevi, nucleo e massa glutinosa, sporis globosis referta. Sporidochia exteriora seu antheridia granula minuta continent.

De cormi structura cfr. Mohl Linnaea **14. 181.**

Germinationem observavit Delilius. Peridium utrumque in tres valvas rumpitur, tum nucleus intra tubulum truncatum excrescit in plantulam cylindricam, superne virentem, basi radicula albente instructam. Postea in medio tuberculum exoritur, ex quo alterum folium exit, cum primum e plantula ista constituatur. Delilius tubulum istum cotyledonem vocat, et reliquum nucleum embryonem. At interior compages e massa glutinosa intermixtis globulis ita comparata est, ut ab embryonis compage maxime abhorreat. — Vernatio recta.

1. I. ***lacustris*** bulbodii vaginis extimis tribus, foliis cylindricis obtusiusculis.

D. Folia fragilia ad. ped. longa.

I. lacustris ***Linn. W. sp.* 5. 534. *Schkuhr Kr.* 182 *t.* 173. *Bischoff. cr. Gew.* 2. *Lfrg.***

Hab. in Succiae australis, Angliae et Germaniae borealis lacubus. Annuum?

2. I. ***setacea,*** bulbodii vaginis extimis pluribus, foliis cylindricis subulatis.

D. Folia flexilia semiped. longa.

I. setacea ***Delile*** Ann. d. Mus.

Hab. prope Monspelium in lacubus. Perenne. T.

5. AZOLLA.

Folia explicata. Sporicarpia in axillis foliorum solitaria aut gemina, dimorpha, alia (antheridia?) calyptrata, alia indusiata Cfr. ***Meyen Beyträge zur Kenntniſs der Azollen Act. Ac. Caes. C. Leop. T.*** 18. ***p.*** 505. qui americanas ab australicis ob interiorem sporicarpii indusiati structuram, genere sejungit, et has Rhizospermas non bene vocat; tam ***de Mart. Icon. pl. crypt.* 123 *t.* 64. 65.**

II. PELTISPERMAE.

ORDO I.

EQUISETACEAE.

Caulis articulatus. ***Foliorum*** loco vaginae. ***Fructescentia*** e sporidochiis peltatis, subtus sporicarpia membranacea (indusia) gerentibus. ***Spora*** (sporangia?) accumulata, singula antheridiis duobus filiformibus imposita.

Caulis subterraneus (rhizoma) caules emersos emittens semper laevis, ramosus sed ramis nunquam verticillatis, solidus, nec, nisi versus caulem emersum, fistulosus.

Tubera subinde adsunt, e. g. in Equiseto arvensi, silvatico, palustri nec non in aliis, subglobosa, sibi invicem imposita, ex articulis abbreviatis formata.

Caulis emersus (frons) articulatus articulis septo distinctis, striis eminentibus in vaginulas excurrentibus. Sunt igitur folia cum caule connata, per strias istas indicata, quae superne soluta vaginulas sistunt. Striae quoque in articulis proximis alternant, uti folia in verticillis proximis. Rami saepe verticillati. Structura caulis fistulosa, medulla plane nulla, fasciculis lignosis in orbem positis aequalibus separatis, lacunis corticalibus non minus in orbem positis regularibus recta descendentibus. Stomatia adsunt a Vaucherio rite illustrata.

Sporidochia peltata in spicam posita, subtus sporicarpiis conicis 6—7 membranaceis, membrana e meris fibris spiralibus contexta. Sporae an sporangia? nam intus granula fovent, filis duobus impositae sunt in puncto decussationis, extremitate utraque spatulatis. Granula pellucida haud densa inspersa sunt tam filis, quam sporae, praesertim vero extremitatibus filorum, unde antheridia dicas?

Germinatio fit spora tota evoluta, monentibus Vaucherio, Agardhio, Bischofio. Prothallium verticillatum, ramulosum, e vesiculis seu cellulis sibi impositis compositum.

Unicum tantum genus in toto ordine. Inter vegetabilia

fossilia aliud genus, Calamites observatum est, huc pertinens, uti videtur.

1. EQUISETUM.

Caulis articulis vaginulatis. ***Fructescentia*** spicata. ***Sporicarpia*** 6—9 sub pelta sporidochii, cylindracea, apice conico.

1. E. ***arvense*** caule fructificante simplici laevi, sterili 12 sulcato scabriusculo subsimpliciter ramoso, ramis arrectis tetragonis scabriusculis.

Diagn. Caulis fructif. 6—8 poll. altus, ample fistulosus, vaginis superne fuscis, praecox; sterilis ultra ped. longus, contracte fistulosus, vaginis virentibus; rami basi interdum ramosi ad 9 poll. lgi. scabriusculi, vaginis infimis flavicantibus.

E. arvense ***L. Wd. sp.*** **5. 1.** ***W. E.*** **1064.** ***E. a.*** **2. 454** H. ***b.*** 2. **165.** ***Vauch. Monogr.*** 361. ***Schkuhr Kr.*** **171** ***t.*** **167.**

Hab. in Europa usque ad Lusitaniam borealem, Asia (Ledeb.) nec non America (Gronov. virg. Hbr.) boreali. Perenne. Indigenum.

2. E. ***Telmateia*** caule fructificante demum ramoso; sterili, 30 sulcato, scabro, simpliciter ramoso, ramis arrectis octogonis scabris.

Diagn. Caulis sterilis crassus intus lacunosus albens, vaginis viridibus apicibus fuscis, 1—2 ped. et ultra altus, rami 4—6 poll. longi, vaginis infimis atris fuscescenti-limbatis.

E. Telmateia ***Ehrh. Beytr.*** 2. **159.** E. eburneum ***Roth. Catal.*** **1.** 128.

E. fluviatile ***Wd. sp.*** 5. 2. ***W. E.*** **1066.** ***E. a.*** 2. **450.** ***H. b.*** 2. 165. ***Vauch Mon.*** 365. ***Schkuhr Kr.*** 175 ***t.*** **168.**

Hab. in paludosis praesertim sylvaticis Germaniae, Angliae, Galliae. Perenne.

Cum sec. Wahlenbergium *Fl. suec.* **690.**, E. Telmateia nullibi in Suecia crescat, cum Linnaeus vero tam in Fl. suec. quam lappon E. fluviatile frequens esse dicat, et character ab ipso E. fluviatili adscriptus cum E. limoso conveniat, E. fluviatile plane omittendum est.

3. E. ***umbrosum*** caule fructificante demum ramoso, sterili 15 sulcato, scaberrimo simpliciter ramoso, ramis patulis trigonis laevibus.

D. Caulis fructificans 6—8 poll. altus, ample fistulosus, praecox, vaginis viridibus nigro limbatis, vaginulis fuscis albo-limbatis albisque; sterilis, 6—18 poll. altus contracte fistulosus, denticulis impositis, rami ad 5 poll. longi, vaginis infimis brevissimis fuscis.

E. umbrosum ***L. Wd. sp.*** **5. 3.** ***H. b.*** **1. 166.** ***Vauch. Mon.*** **367.** E. pratense ***Ehrh. Beytr.*** **3. 77.** ***L. Wd. sp.*** **5. 6.** E. Drummondi ***Hooker brit. Fl. ed.*** **393.**

Hab. in uliginosis sylvaticis Germaniae borealis, Scotiae, Hiberniae (Moor). Perenne. Indigen.

Non est var. sequentis ut vult Wahlenberg *suec. l. c.* nam apices ramorum vaginulis brevissimis instructi sunt, qui in seq. longissimi.

De E. pratensi Ehrh. cfr. ***Flora od. bot. Zeit. XIX.*** **1. 268. 273.** ***auct. d. Schlechtendal.***

4. E. ***sylvaticum*** caule fructificante demum ramoso, utroque composite ramoso striato scabriusculo, ramis patulis, ramulis trigonis laevibus.

D. Caulis fructificans ped. et ultra altus ample fistulosus, sterilis contracte fistulosus; uterque vaginis virentibus vaginulis fuscis, vaginis infimis longioribus fuscis; apices ramorum et ramuli articulis brevissimis, vaginulis longis.

E. sylvaticum ***Linn. W. sp.*** **5. 3.** ***W. E.*** **1065.** ***E. a.*** **2. 454.** ***H. b.*** **2. 166.** ***Vauch. Mon.*** **365.** ***Schkuhr Kr.*** **170.** ***t.*** **166.**

Hab. in uliginosis sylvaticis Europae praesertim borealis. Perenne. Indigen.

5. E. ***limosum***, caule fructificante demum ramoso, sterili 20 striato laevissimo simpliciter ramoso, ramis pentagonis laevibus.

D. Caulis fructificans et sterilis 2—3 ped. altus, ample fistulosus, vaginis virentibus flavo-limbatis, vaginulis fuscescentibus; rami 1—3 poll. longi, vaginis infimis virescentibus.

E. limosum ***L.*** ***Wd.*** ***sp.*** **5. 4.** ***W.*** ***E.*** **1065.** ***E.*** ***a.*** **2. 454.** ***H.*** ***b.*** **2. 166.** ***Vauch.*** ***Mon.*** **373.** ***Schkuhr*** ***Kr.*** **175.** ***t.*** **171.** E. limosum et fluviatile ***Lin.*** *sp.* **1517.** ***Wahlenb.*** ***suec.*** **689. 690.** E. Heleocharis ***Ehrh.*** ***Beytr.*** 2. **159.**, variat ramis omnibus fructificantibus.

Hab. in totius Europae fossis et lacubus nec non ad fluvios. Perenne. Indig.

Ehrhartus recte, ut fere semper Eq. fluviatile et limosum Linn. conjunxit. Hoc est planta junior, illud adultior. Sed nomen E. limosi retineatur cum Linneanum sit.

6. E. ***palustre*** caule fructificante demum ramoso, utroque 6 sulcato scabriusculo simpliciter ramoso, ramis arrectis tetragonis scabriusculis.

D. Caul. fruct. contracte fistulosus, vaginis viridibus, vaginulis fuscis albo-limbatis; sterilis similis, vaginis brevioribus; uterque 2—3 ped. altus, ramis 3 poll. longis, vaginis infimis fuscis.

E. palustre ***Linn.*** ***W.*** ***sp.*** **5. 5.** ***W.*** ***E.*** **1065.** ***E.*** ***a.*** **2. 454.** ***H.*** ***b.*** **2. 167.** ***Vauch.*** ***Mon.*** **367.** ***Schkuhr*** ***Kr.*** **174** ***t.*** **169.** E. tuberosum ***Cand.*** ***fr.*** **6. 245.**

Hab. in paludibus totius Europae. Perenne. Indig.

Variat ramis omnibus fructificantibus ***s.*** ***Schkuhr*** ***l.*** ***c.*** ***t.*** **170.**

7. E. ***elongatum*** caule fructificante demum ramoso, utroque multisulcato scabro subcomposito ramoso, ramis patentibus flexuosis longissimis.

D. Caul. fr. crassior, vaginis majoribus latis, uterque 3 ped. et ultra, vaginis virentibus inferioribus basi fuscis, vaginulis albis, apice tenui fuscescente marcescente evanescente; rami semiped. — ped. infimi saepe ramosi. Spica mucronata.

E. elongatum. ***L. Wd. sp.*** **5. 8.** ***H. b.*** **2. 167.** E. ramosum ***Schkuhr Kr.*** **178 *t.* 172 *b. f. dextr.***

Habit. in Italia, Gallia australi, in Prom. b. sp. (de Schlechtend.) insula Borboniae (Bory). Varietatem ramis omnibus fructificantibus seu polystachiam a cl. Consentini habeo, in Sicilia lectam. Perenne. D.

8. E. ***hyemale*** caulibussub simplicibus 16 striatis scaberrimis, vaginulis apice marcescente evanescente.

D. Caules 2—3 ped. longi, superne saepe ramulis brevibus fructificantibus oppositis; vaginis inferioribus albis superne inferneque fusco-limbatis, superioribus medio fuscescentibus, summis fuscis. Spica submucronata.

E. hyemale ***Linn. W. sp.*** **5. 8.** ***W. E. S.*** **68.** ***E. a.*** 2. **454.** ***H. b.*** **2. 167.** ***Vauch. Mon.*** **374.** ***Schkuhr Kr.*** **176. *t.* 172.**

Hab. in Europa, Asia (Ledeb.) et America (Gronov virg.) boreali. Perenne. Indig.

9. E. ***variegatum*** caulibus simplicibus 8 striatis scabriusculis, vaginulis 6—8, apice non evanescente.

D. Caules 1—2 ped. alti simplicissimi, vaginae virides superne limbo lato fusco, vaginulis albis. Spica muronata.

E. variegatum ***Schleich. L. Wd. sp.*** 5. 7. ***W. E. S.*** **69. *E. a.*** 2. **454. *Schkuhr Kr.*** **177. *t.* 172 *b. fig. sinistr.***

Hab. in humidis arenosis Europae mediae et australis. Perenn. D.

Variat caulibus crassioribus et tenuioribus. Hoc E. reptans Suecorum videtur. Alias varietates indicat Vaucher. ***Mon.*** **379.** et hinc multiforme vocat.

10. E. *scirpoides* caulibus simplicibus 6—8 striatis tenuissimis flexuosis, vaginulis 3—4 apice elongato saepe evanescente, spica peltis 3—4.

D. Caules 4—6 poll. fili tenuis crassitie, scabriusculi, vaginis viridibus atro et albo limbatis, vaginulis fuscis.

E. scirpoides *L. Wd. sp.* 5. 7. *Mich. am.* 281. *H. b.* 2. 168. *Vauch. Monogr.* 385.

Hab. in Canadae sylvis (Michaux et Pursh), nec non in Green mountains Vermont (Pursh.)

Ab E. reptante Suecorum, E. umbrosi varietate recte distinxit Vaucherius, qui nostrum bene descripsit. Cl. Wahlenbergius E. umbrosi nomen in E. reptans mutat.

III. EPIPHYLLOSPERMAE.

ORDO I.

OPHIOGLOSSEAE.

Frons fertilis in spicam contracta. ***Sporangia*** non gyrata bivalvia, undique dehiscentia.

Caulis erectus, ut in Equisetaceis, non repens, lacuna loco medullae in medio, et fasciculis ligneis circa ipsam in orbem pŏsitis. Interdum basi bulbescit. Duo caules e stolonibus appositi saepe oriuntur, gemma inter ipsos posita. Stolones radiciformes e contextu celluloso toti quanti compositi sunt, fasciculo ligneo unico tantum, sed excentrico. Petiolus et pedunculus inferne in caulem coalescunt. Frondem fertilem esse folium fructescentia contractum patet e monstrosa forma Botrychii Lunariae in quo sporangia in folio sessilia reperiuntur, nec non ex Ophioglosso palmato in quo spicae e margine folii dilatati reticulatim nervoso prodeunt.

1. OPHIOGLOSSUM.

Frons sterilis simplex et integra, ***fertilis*** in spicam simplicem aut bipartitam contracta. ***Sporangia*** disticha connata.

1. O. ***vulgatum*** fronde sterili ovali oblongaque in medio versus basin strictius reticulatim nervosa, vagina a basi non soluta.

D. Planta 5—12 poll. alta; pedunculus tandem caule vel petiolo fere duplo longior. Frons sterilis 1 — 2 poll lga., 5—15 lin. lata.

O. vulgatum ***Linn. W. sp.*** **5. 58.** ***W. E.*** **1066.** ***E. a.*** **2. 455.** ***H. b.*** **2. 153.** ***Schkuhr Kr.*** **155.** ***t.*** **13 3.**

Hab. in pratis humidis Europae mediae et borealis. Perenne. Indigen.

Variabilis planta, major minorque, fronde latiore, breviore et longiore angustiore, obtusa et acuta.

2. O. ***pedunculosum*** fronde sterili lanceolata, in medio versus basin strictius reticulato, vagina a pedunculo non soluta, radicibus repentibus.

D. Pl. 4 — 5 poll. ad ped. alta, pedunculus petiolo modo multo longior, modo aequalis, frons sterilis 4—5 lin. lata, poll. et dim. longa. Stolones subterranei radiciformes

O. pedunculosum ***Desvaux Berl. Mag. naturf. Fr.*** **5. 306.** ***H. b.*** **2. 154.** ***Kunze Farrnkr. t.*** **29.** ***f.*** **2.**

Hab. in America boreali et aliis Americae partibus. Perennans. T.

Variabilis planta, major minor, fronde sterili angustiore aut latiore, magis acuta aut obtusa, costa magis minusve evidente. Kunzii icon bona stirpemque bene illustravit.

In stolonibus caules gemini enascuntur, altero frondem sterilem, altero frondem sterilem fertilemque simul proferente; inter stolones gemma provenit.

Ophioglossum lusitanicum ***H. b.*** **2. 152.** non videtur diversum ab O. pedunculoso. Genuinam speciem in Lusitania et Sicilia frequenter legi, differt ab affinibus non solum fronde sterili lanceolata, sed quoque vagina a pedunculo soluta, tum radice seu potius basi caulis brevi truncata. Recte monet cl. Bory ***Expedit. de la Morée*** **289** diversum esse quod in aliis Europae australis partibus inveniatur.

O. ypanemense ***Mart. pl. crypt.*** **39.** ***t.*** **73.** in Ilbrio.

gen. habemus e Georgia a cl. Beyrich lectum, pedunculo longissimo insigne. Cl. Kunze ad O. nudicaule Linn. cum O. elliptico Hookeri refert, de qua re valde dubito, nam nostrum non est nudicaule.

Sectionem, ***Ophioderma***, dictam, sporangio subbiloculari septo incompleto distinctam cel. Blumius in ***Enum. pl. Javae p.*** 258. genere separare suadet. Oph. pendulum hujus loci.

Idem ***Kaulfussiam*** huc refert genus novum, sporangiis nudis oblongis circa receptaculum centrale connatis, externis rima dehiscentibus. Kaulfussiam vocat, cum Kaulfussiae Nees. nomen Cassinianum Charicis restituendum sit. H. l. Aspidium aesculifolium in prov. Bantam Javae indigenum.

2. BOTRYCHIUM.

Frons sterilis uni — pluriesve pinnatisecta, ***fertilis*** in spicam ramosam contracta. ***Sporangia*** seriata discreta.

Gemma in basi caulis emergit futuro anno explicanda, et si stipitem disseeas, gemmam invenies tertio anno explicandam. Cfr. ***Kaulfuss enum.*** 26. ***et Botan. Zeit.*** **1812. 101.** *t.* 2.

1. B. ***Lunaria*** fronde sterili uni-bipinnatisecta pinnis pinnellisve cuneiformibus integris aut bi- trifidis.

Typus fr. pinnata, pinnis cuneiformibus antice subcrenatis.

D. Planta 2—3 poll. alta. Frons sterilis costa dilatata, pinnis 4 lin. lgis. 8 lin. latis.

B. Lunaria ***W. sp.*** **561.** ***E. a.*** 2. **455.** ***H. b.*** **2. 152.** ***Schkuhr Kr.*** **156** ***t.*** **154.** Osmunda Lunaria Linn. sp. **1519.**

Habitat in Europae borealis collibus. Perenne. Indig.

Var. Rutacea fr. bipinnatifida, pinnellis bi- trifidis.

B. rutaceum ***W. sp.*** **5. 67.** ***Schkuhr. Kr.*** **157.** ***t.*** **155.**

Hab. in Europa boreali. Perenne. D.

Prope Berolinum quibusdam annis non infrequens.

2. B. ***virginicum*** fr. tripinnatifida, pinnellis inciso-pinnatifidis.

D. Pl. 1—2 ped. Frons ambitu triangulari, pinnellae 3 lin. lgae. lin. latae.

B. virginicum *Sw. Willd. sp.* **5. 64.** ***H. b.*** **2. 152.** ***Schkuhr Kr.*** **151.** ***t.*** **156.** Botrypus virginicus ***Michaux*** 2. 274.

Hab. in America boreali. a Canada ad Floridam. (Pursh). Perenne. D.

3. B. ***dissectum*** fr. quadri- et ultra pinnatifida, pinnellis ultimis bipartitis.

D. Pl. ped. Fr. ambitu triangulari, pinnellae ultimae lin. lgae.

B. dissectum ***Muehlenb. Willd. sp.*** **5. 64.** ***H. b.*** **2. 153.** ***Schkuhr Kr.*** **159.** ***t.*** **158.**

Hab. in America boreali a Novo Eboraco ad Floridam (Pursh) Perenne. D.

3. ***Helminthostachys*** Kaulf., fronde fertili in spicam simplicem aut bipartitam contracta, sporangiis glomeratim congestis subconnatis semibivalvibus. Botrychium zeylanicum Sw.

Vivam non observavi.

ORDO II.

OSMUNDACEAE.

Frons fertilis contracta aut expansa. ***Sporangia*** non gyrata, longitudinaliter dehiscentia.

Cormus brevis. Frondes juniore aetate circinnatim complicatae.

Stipes fasciculum seu annulum vasculosum continet semicircularem. Est igitur stipes nec caulis. Pinnae non raro basi incrassata, quasi articulatae. Sporangium tuberculo in vertice insignitum e cellulis stellulatim dispositis constructo, cujus iconem dedi in *Icon. anat. bot. Fasc.* 3. *t.* 4. *f.* 10.

I. OSMUNDA.

Frons sterilis pluries pinnata, ***fertilis*** in anthurum ramosum contracta. ***Sporangia*** fasciculatim disposita.

1. O. ***regalis*** fronde bipinnata, pinnis inferioribus sterilibus, pinnulis oblongo-lanceolatis obtusiusculis, basi inferne auriculatis, subintegerrimis, anthuro bipinnato.

D. Pl. 5—6 ped. alta; pinnulae 2 poll. lgae. 6 lin. latae, antrorsum subcrenulatae.

O. regalis ***Linn. W. sp.*** 5. 27. ***W. E.*** **1067.** ***E. a.*** **2. 456.** ***H. b.*** **2. 146.** ***Schkuhr Kr.*** **147.** ***t.*** **145.**

Hab. in paludosis sylvaticis Europae borealis, Scotiae, Hiberniae, Galliae borealis. Perenne. Indigen.

Pinnulae inferiores non contractae, in pinnis sterilibus superioribus non raro sporangia in margine proferunt.

2. O. ***spectabilis*** fronde bipinnata, pinnis inferioribus

sterilibus, pinnulis subsessilibus oblongo-lanceolatis obtusiusculis, basi dilatata subobliqua, undique serrulato — crenulatis, anthuro bipinnato.

D. Pl. 1—2 ped., pinnulae poll. et dim. lgae. 4 lin. latae. Anthurus ramis densis.

O. spectabilis *W. sp.* 5. 98. *E. a.* 2. 456.

O. regalis C. *Linn. sp.* 1521.

O. regalis *Mich. am.* 2. 275.

Hab. in paludosis montanis a Canada ad Carolinam. Perennis. T.

3. O. *palustris* fr. bipinnata, pinnis inferioribus sterilibus, pinnulis subpetiolatis ovalibus obtusiusculis, basi dilatata subobliqua, serrulato-crenulatis, anthuro bipinnato, ramis subtus medio deplanatis.

D. Pl. 1—2 ped. pinnulae 8 lin. lgae., 4 lin. latae. Anthurus ramis laxis.

O. palustris *Schrad. mspt.*

Hab. in Brasilia sec. Schraderum, et specimina in Hbr. generali a cl. Sellow missa sunt. Perenne T.

Planta, uti sequentes, graveolens.

4. O. *gracilis* fronde bipinnata, pinnis inferioribus sterilibus, pinnulis subpetiolatis ovalibus, basi subattenuata obliqua, undique serrulato-crenulatis, anthuro bipinnato ramis non dilatatis.

D. Pl. 1—2 ped. alta, stipes rhachisque rubentes teneri; pinnulae 9—10 lgae. 4 lin. lin. latae.

O. gracilis *H. b.* 2. 145.

Hab. in America boreali. Perenne. T.

Olim cum O. palustri *Schrad.* conjunxi; cum vero alias plantas a cl. Brakenridge ex America bor. accepimus, mihi consultius videtur, speciem, quamvis maxime affinem, separare, praesertim ob teneritatem caulis.

5. O. *glaucescens* fronde bipinnata, pinnis inferioribus sterilibus, pinnulis subsessilibus oblongis obtusiusculis inte-

gerrimis, stipite basi pruina glauca adsperso, anthuro bipinnato, rhachi pilis crispis.

D. Pl. 1—2 ped. stipes rhachisque rubentes sed non teneri, ille basi pruina glauca tectus, pinnulae 9 — 10 lin. lgae. 4 lin. latae.

O. Claytoniana *H. b.* 2. 146. excl. syn.

Hab. in America boreali. — Perennans. T.

O. Claytoniana est planta parum nota, a Willdenowo et Purshio non visa. Cum ferrugineo - tomentosa dicatur, noli incertum adhibere nomen.

6. O. *interrupta* fronde bipinnatifida, pinnis superioribus inferioribusque sterilibus, pinnulis oblongis obtusis integerrimis, mediis in anthurum pinnatum contractis.

D. Pl. 1 — 2 ped. alta; pinnellae 4—5 lin. lgae. 1—3 lin. latae.

O. interrupta *Michaux am.* 2. 275. *W. sp.* 5. 26. *E. a.* 2. 456. *H. b.* 2. 145. *Schkuhr Kr.* 146. *t.* 144.

Hab. in America boreali a Canada ad Virginiam. Perenne. D.

7. O. *cinnamomea* frondibus aliis sterilibus, aliis fertilibus, illis bipinnatifidis, pinnellis ovatis obtusis acutisque, his in anthurum bipinnatum contractis, stipitibus praesertim lanatis.

D. Pl. 1—2 ped., pinnellae 6 lin. lgae. 4 lin. latae, basi tantum cohaerentes. Spicae partiales adpressae pollicares. Lana ferruginea.

O. cinnamomea *Linn. W. sp.* 5. 98. *E. a.* 2. 456. *H. b.* 2. 146. *Schkuhr Kr.* 148 *t.* 146.

Hab. in sylvis depressis haud opacis et paludibus exsiccatis a Nova-Anglia ad Floridam. Perenn. D.

Varietas pinnellis acutis primo intuitu sat differt, sed revera varietas est, cum in eadem fronde pinnellae acutae et obtusae reperiantur.

II. TODEA.

Frons sterilis pluries pinnata, ***fertilis*** parum contracta. ***Sporangia*** in soris oblongis geminatis ad apices nervorum lateralium bifurcorum demum confluentibus.

Genus praecederti valde affine et a pluribus Botanicis cum ipso conjunctum. Modus vero, quo sporangia emergunt, valde differt.

1. T ***africana*** fronde bipinnata, pinnis mediis basi fructiferis, pinnulis lanceolato-linearibus.

D. Pl. apud nos 1—2 ped. alta, in patria multo major. Pinnae 2—3 poll. longae, pinnulae 9—10 lin. lgae., steriles 2 lin. latae, fertiles 1 lin.

T. africana ***Willd. Schr. d. Acad. z. Erfurt*** 1802. 14. ***t.*** 3. ***f.*** 1. ***sp.*** 5. 76. ***E. a.*** 2. 455. ***H. b.*** 2. 142. Osmunda barbara ***Thunb. pr.*** 17. ***R. Brown pr.*** 163 (19.) O. totta ***Sw. in Schrad. Journ.*** 1800. ***I.*** 165.

Hab. in Promontorio b. sp. Perennans. T.

ORDO III.

ANEMIACEAE.

Frons fertilis saepe contracta. ***Sporangia*** gyromate in vertice posito.

Petiolus cum pedunculo in stipitem conuatus est, qui fasciculum vasculosum continet inflexum, interdum fasciculis minoribus utrinque appositis, ut in Polypodiaceis accidere solet. Hinc non solum gyromate in vertice sporangii posito, sed quoque structura stipitis ab Osmundaceis differt, cum quibus Auctores conjunxerunt.

Anemiae densae anatomen dedi in ***Icon. anat. bot. sel. F. 3. t. 4. f.*** **1—9.**

1. ANEMIA.

Frons fertilis contracta in anthurum ramosum pedunculatum. ***Sporangia*** glomeratim posita.

Habitu magis cum Ophioglosseis quam Osmundaceis convenit; pedunculi enim tantummodo inferne cum petiolo connati stipitem constituunt, cum in Osmundaceis petiolus seu potius stipes tam frondes fertiles quam steriles instar ramorum emittat.

Anthuri plerumque gemini, pedunculis cum petiolo connatis ramosis, ramis arrectis et appressis.

Swarzius, qui genus constituit et Anemiam vocavit, addit: „Etymologia a graeca voce, *ανέμων*, non vestitus, nudus, quia capsulae absque omni integumento nudae spicillis insident.“ At vox ista hac significatione graeca non est; mutarunt itaque in Aneimiam, voce ab *εἶμα*, vestimentum, derivata. Tunc vero Anheimia dicenda esset. Missa igitur omni Etymologia „Anemiam“ dicamus.

1. A. ***Phillytidis*** fronde sterili pinnata, pinnis lanceolatis acuminatis crenulato-serrulatis, basi inaequaliter attenuato-petiolatis, stipite rhachi costisque pilis sparsis crispis ferrugineis, anthuri ramis tenuibus.

D. Pl. ped. stipes rhachis pedunculique albentes. Pinnae ad 3 poll. lgae. 8 lin. latae, pilis ad basin pinnarum copiosioribus. Cormus.

A. Phillytidis ***Linn. W. sp.*** **5. 89.** A. longifolia (3 laevis ***Raddi br.*** **64.** A. cordifolia ***Presl. rel. Haenk.*** **70. *t.* 11. *f.* 3.**

Hab. ad Caracas (Bredemeyer in Willd. Hb.) prope Jalapa (Schiede) in sylvis graminosis Cubae (Ed. Otto) in Brasilia (Sellow). Perennans. C.

Cum A. densa saepissime confusa.

2. A. ***hirta*** fr. ster. pinnata, pinnis lanceolatis acuminatis crenulato-serrulatis, basi inaequaliter attenuato-petiolatis, stipite rhachi costisque pilis crispis densis ferrugineis, anthuri ramis tenuibus.

D. Stipes, rhachis, pedunculique albentes pilis longis, pinnae ad 3 poll. lgae. 8 lin. latae subtilissime albo-ciliatae. Cormus.

A. hirta ***Sw. syn.*** **155.** ***W. sp.*** **5. 89.** Osmunda hirta ***Linn. sp.*** **1820.** Osmunda hirsuta Lonchitidis folio ***Plum. fil.*** **114. *t.* 157.**

Hab. in Jamaica, Hispaniola, Martinica. — Perennans. C.

2. A. ***densa*** fronde sterili pinnata, pinnis lanceolatis longe acutatis crenato-serrulatis saepe excisis, basi obliqua attenuata petiolata, pilis crispis ferrugineis; anthuri ramis arrectis, dense fructiferis.

D. Pl. ped. et ultra. Stipes pedunculique lutescentes scabri, pinnae 4—5 poll. lgae., 10—12 lin. latae, sinu hinc inde excisae, basi superne prominente. Cormus.

A densa ***H. b.*** **2. 142.** A. Phillytidis Sw. var. ***Langs-***

dorf et Fischer fil. 24. *t.* 28 *bona.* A. fraxinifolia *Raddi bras.* 69 *t.* 8. *bis.*

Hab. in insula Stae. Catharinae Brasiliae (Langsd.) et alibi in Brasilia. C.

Robustior, villosior praecedente.

3. A. *laciniata* fronde st. pinnata, pinnis oblongo-lanceolatis obtusatis, inferioribus basi pinnatifidis, summis confluentibus.

D. Pl. ped. et ultra. Stipes pedunculique lutescentes scabri, pinnulae 2 poll. longae 8 lin. latae. Anthuri longissimi. Cormus.

Hab. in Brasilia? C.

Affinis praecedentibus, sed diversa pinnis inferioribus basi pinnatifidis obtusioribus, summis interdum rotundatis confluentibus, anthuris longissimis.

4. A. *collina* fronde st. pinnata, pinnis oblongis subcrenulatis obtusissimis basi inaequilateris, superne prominentibus hirtis, stipitibus hirsutissimis.

Diagn. Pl. 2 ped., pinnae 14 lin. longae 4 lin. et ultra latae; pili in petiolis praesertim ferruginei. Caulis repens.

A. collina *Raddi brasil.* 71 *t.* 12., *H. b.* 2. 143.

Hab. in Brasilia, prope Rio de Janeiro. C.

Nostra planta altior Raddiana.

5. A. *mandiocana* fronde st. pinnata, pinnis lanceolatis crenulatis acutis, basi inaequilateris superne prominentibus, stipitibus hirsutissimis.

D. Pl. ped. pinnulae poll. lgae. 3 lin. latae, pili in stipitibus ferruginei. Caulis repens.

A. mandiocana *Raddi bras.* 70 *t.* 9. *f.* 1. *H. b.* 2. 143.

Hab. in Brasilia, in Agro Mandiocano. C.

Hirsutiei Raddius non meminit, in icone vero apparet.

6. A. *media* fronde st. pinnata, pinnis oblongo-lanceo-

latis crenulatis, superne inciso-auriculatis, stipite glabrescente, rhachi pinnisque hirsutis.

D. Fr. ped. alta, pinnae 10 jugae, superiores decrescentes parvae, inferiores poll. et dim. longae, 6 lin. latae, stipes rhachis et pedunculi virescentes graciles; pili in rhachi fulvescentes, in pinnis albi, non densi. Caulis repens.

Hab. . . . . Perennis. C.

Affinis A. collinae, sed differt auricula pinnarum, praesertim inferiorum incisione separata.

7. A. *hirsuta* fronde st. bipinnatifida, pinnellis cuneatis, antice acute incisis, spica gracili, fronde pedunculisque hirsutis.

D. Pl. 4—6 poll. longa; laciniis 6 lin. lgis., pinnellis antrorsum confluentibus. Caulis repens.

A. hirsuta *Sw. syn.* 156. *W. sp.* 5. 91. A. repens *Raddi bras.* 70 *t.* 9. *f.* 2. *H. b.* 2. 144.

Hab. in Brasilia prope Rio de Janeiro. C.

Anthuri juniores rhachi lata reflexa sporangia amplexante.

8. A. *Raddiana* fronde st. bipinnata, pinnis oblongis inciso-serratis decurrentibus, anthuro gracili, fronde pedunculisque fulvo-pilosis.

D. Pl. ped. et ultra, pinnae 2 poll. lgae. pinnulae 6 lin. lgae. 4 lin. latae. Caulis repens.

A. Raddiana *H. b.* 2. 144. A. flexuosa *Raddi bras.* 71. *t.* 13.

Hab. in Brasilia. C.

A. flexuosa Sw. est planta valde dubia, et planta nostra uti Raddiana rhachin flexuosam non habet. Anthuri junioris rami in pluribus lati et reflexi sunt.

Anemias anthuri pedunculo a stipite discreto non habemus.

9. A. *cheilanthoides* fr. bipinnata, pinnulis semioblongis obtusissimis inciso-crenatis margine reflexis, pilis longis adpressis in lamina, patulis in rhachi stipiteque.

D. Pl. 9 poll. lga., pinnae 1—2 poll. pinnulae 3 lin. lgae., 2 lin. latae. Pedunculi frondem sterilem non valde superant. Pili in rhachi et stipite ferruginei, reliqui albi. A. cheilanthoides *Kaulf. en.* 53.

Hab. in Brasilia (de Chamisso et Sellow). Perenne. C.

II. LYGODIUM.

Frondis fertilis pinnulae dentes elongatos sporangiferos gerunt. ***Sporangia*** sub crena reflexa ejusmodi dentis.

Stipes rectus, rhachis vero flexuosa scandens. Pinnae inferiores alternae, superne oppositae, conjugationes formantes petiolatas, inter quas gemmula emergit saepe abortiens. Frondes superiores tantummodo sporangiferae; nervi laterales in dentem spiciformem exeunt, raro ultra 2 lin. longum angustum, crenis ad costam fere penetrantibus pro ratione dentis magnis reflexis bullatis sporangia continentibus.

Species in hoc genere difficillime distinguendae, cum frondes variae sint formae in statu juniore et adulto.

Omnes species tropicae perennes, fronde scilicet quotannis pereunte. C.

1. L. ***circinnatum*** pinnis adultis digitato-palmatis, triquinquepartitis, pinnellis longe lanceolatis integerrimis aut hinc illinc serrulatis, junioribus simplicibus et bipartitis.

D. Pl. 1—2 ped. alta, frondis pinnellae 3—6 poll. lgae. 6—8 lin. latae, basi ala 6 lin. lata connatae.

L. circinnatum *Sw. syn.* 153. *Kaulf. en.* 45. *H. b.* 2. 139. Hydroglossum circinnatum *Willd. sp.* 5. 83. Ophioglossum circinnatum *Burrm. ind.* 228. Ophioglossum flexuosum *Linn. fil. suppl.* 443.

Hab. in insulis Oceani indici, e Manila habemus a b. de Chamisso. C.

L. dichotomum *Hooker et Grev. fil.* 1. *t.* 55 procul dubio est varietas. L. dichotomum *Sw. syn.* 134, qui Ugenam dichotomam *Cav. ic.* 6. *f.* 594 *f.* 2, citat, non differt, secundum iconem, nisi pinnellarum angustia. Willdenowius in Ilbrio non habet, sed Hydroglossum dichotomum *ej. sp.* 5. 82 ex Swartzio descriptum est.

2. L. ***microphyllum*** pinnis pinnatis, pinnulis adultiorum lanceolatis basi varie auriculatis crenulatis, junioribus ovalibus, fructigeris ovalibus.

D. Pl. 1. 2 ped. alta, pinnulae 2 poll. et dim. lgae. 6 lin. latae, fructigerae 6 lin. lgae. 4 lin. latae.

L. microphyllum ***R. Brown*** *pr.* 162 (18) ***Presl. rel. Haenk.*** 1. 72. L. scandens ***Sw.*** *syn.* 152. ***H.*** *b.* 2. 139. Hydroglossum scandens ***W.*** *sp.* 5. 77. Ugena microphylla ***Cavan.*** *ic.* 6. 76. *t.* 595. *f.* 2. Ophioglossum scandens ***Linn.*** *sp.* 1518.

Hab. in insulis Oceani indici.

Icon. ***Rumph*** *amb.* 6. 75 *t.* 32 *f.* 2. 3. vix hujus loci, saltem mala, in ***Houtt. Pfl.*** *syst.* 13. 5. *t.* 94. *f.* 20. frondem fructiferam tantum sistit. Hydroglossum scandens ***Schkuhr Kr.*** 138 *t.* 139. non hujus loci, Meyer *esseq.* 293 ad L. volubile refert.

3. L. ***hastatum*** pinnis pinnatis, pinnulis lanceolatis basi subauriculatis, varie serrulatis, junioribus ovalibus, fructigeris lanceolatis.

Diagn. Pl. 1—2 ped. pinnulae steriles ad 2 poll. lgae., 6 lin. latae, fructigerae ejusdem longitudinis et latitudinis.

L. hastatum ***Mart.*** *ic. pl. crypt. bras.* 118. *t.* 57. L. varium ***H.*** *b.* 2. 140.

Hab. in Brasilia. C.

Virum celeb. de Martius nunc sequor, non curans Willdenowii L. hastatum, qui cum L. venusto commutavit et non vidit.

4. L. ***polymorphum*** pinnis pinnatis, pinnulis junioribus subcordatis, bi- quinquelobis, lobo extimo majore, petiolatis alatis, fructiferis lanceolatis, basi palmato-auriculatis.

L. polymorphum *Kunth nov. gen. et sp.* 1. 31. Ugena polymorpha *Cavan. ic.* 6. 75 *i.* 595. *f.* 1.

Var. glabrescens.

D. Pl. 1—2 ped. pinnulae juniores poll. lgae., 8 lin. latae, pilis hinc inde sparsis.

L. mexicanum *H. b.* 2. 141.

Hab. in Mexico.

L. polymorphum *H. b.* 2. 140. periit, et dubia mihi est planta, a qua non differt L. microphyllum *ibd.* 141; utrumque melius expungendum. Habemus aliam speciem, quam determinare non ausim, valde similem L. polymorpho glabrescenti, sed pinnulis basi cuneatis, antice minus lobatis, petiolis minus alatis. L. *cuneatum* dixerim, sed fructus non vidi.

3. L. *japonicum* pinnis bi- tripinnatifidis, junioribus antice dilatatis incisis, ad adultiora serrato-incisa et pinnatifida acuta accedentibus.

D. Frondes maxime variabiles, pinnulae juniores interdum 2 lin. lgae., 4—5 lin. latae, adultiores ad 2 poll. lgae., 4 lin. latae, fructigerae inter juniores et adultiores intermediae.

L. japonicum *Sw. syn.* 154. Hydroglossum japonicum *W. sp.* 5. 81. *Hort. ber.* 2. *t.* 84. *W. E.* 1067. *E. a.* 2. 458. Ophioglossum japonicum *Shunb. jap.* 328.

Hab. in China, Japonia.

Willdenowii icon est sola, quae secundum specimen vivum speciei cujusdam hujus generis facta est.

Schizaeae species in Horto non colimus. Frondes fructigerae stipitiformes simplices, apice pinnas angustas integras et integerrimas approximatas gerentes. Indusium verum in margine pinnae. Sporangia totam pinnam a tergo obtegunt. Frondes steriles stipitiformes uti fertiles simplices, interdum vero partitae.

III. MOHRIA.

Frondes fertiles non contractae. ***Sporangia*** discreta, singula sub lacinia frondis reflexa.

1. M. *thurifraga* fronde tripinnatifida, pinnulis oblongis pinnatifidis, pinnellis argute dentatis.

D. Frons ped., pinnulae 3 lin. lgae., vix lin. inter pinnellas latae; pili sparsi.

M. thurifraga *Sw. syn.* 159. 385 *t.* 5. *Willd. sp.* 5. 76. *Kaulf. en.* 44. Polypodium Caffrorum. *Linn.* mant, 307. Adiantum Caffrorum *Thunb. pr.* 173.

Hab. in Prom. b. sp. Perennans. T.

ORDO IV.

MARATTIACEAE.

Frons fertilis non contracta. ***Sorus*** e seriebus duabus oppositis sporangiorum appositorum constans. ***Sporangia*** non gyrata, peridio firmo, magis minusve connata.*)

In Angiopteride *Hoffm.* sporangia 10—12 separata sunt, undique peridio crasso firmo cincta, juniore aetate media parte et quidem opposita connata, demum vero secedentia, cfr. *Kunze Analect. pteridogr. p. 3.* In Marattia *Smith.* sporangia plura non solum media parte, sed quoque lateribus membranaceis connata sunt, et sporicarpium aut synangium, uti ait Schottius *(Gener. Filic.)* et quidem submarginale formant, demum sporangiis medio secedentibus bivalve. In Danaea *Smith.* tandem sporangia simili modo connata sunt, sed sorum s. synangium formant, totam latitudinem pinnae fere occupans, sporangiis mediis non plane, sed tantummodo pro parte secedentibus et poros formantibus. Sed Danaeam non satis observavi.

I. MARATTIA.

Frons bi- pluriesve pinnata. ***Sorus*** submarginalis synangium bivalve sistens.

Peridium crassum et firmum gyromatis locum occupat. nec cum indusio comparari potest.

1. M. ***cicutaefolia*** fronde bipinnata, pinnulis ovate lanceolatis, argute serratis, nervis plerisque bi- tripartitis.

D. Frons 3 p. e. u. alta, pinnae ped., pinnulae ad 4 poll. lgae. 9 lin. latae, antrorsum praesertim argute serratae.

*) Peridium est pericarpium in genere demtis contentis.

M. cicutaefolia *Kaulf. en.* 32. *H. b.* 2. 149. *Mart. ic. sel. crypt.* 119 *t.* 69. M. fraxinea *Raddi bras.* 74. *t.* 82. Hab. in umbrosis humidis sylvarum Corcovado ad humanam altitudinem excrescens. (Raddi.) Perennans. C.

Differentiam a M. fraxinea vide H. b. l. c. Adde dentes in M. fraxinea breves crassos esse, nervos plerumque simplices.

2. M. *laevis* fronde pluripinnata, pinnulis oblongis pinnatifidis, laciniis obtuse trifidis, petiolis ultimis alatis.

D. Altit. 2 ped., pinnulae approximatae vix poll. lgae. Squamae longe acutatae albentes in pagina superiore rhacheos, praesertim pinnularum.

M. laevis *L. W. sp.* 5. 66. *Swartz syn. fil.* 168. M. laevis *Smith ic. ined. t.* 46. M. alata *H. b.* 2. 150.

Hab. in insula Dominica. Perenn. C.

Raddium secutus M. alatam olim vocavi. Combinat enim M. laevem et alatam W. At in Marattia alata Willd. qui in Herbar. a Swartzio specimen habuit, pinnulae juniores lanceolatae argute serratae sunt, et icon Raddii t. 84 quae M. alatam et laevem suam sistit, non exacte nostrae plantae convenit. Nec Icon Smithiana bene exprimit filicem nostram. M. laevis a reliquis habitu differt.

ORDO V.

POLYPODIACEAE.

Frons fertilis interdum contracta. ***Sporangia*** gyromate laterali completo aut incompleto.

Character primarius in gyromate positus est, quod in lateribus a basi ad apicem usque, aut sine interruptione (gyr. completum), aut cum interruptione (gyr. incompletum) sporangium cingit. Interruptio ejusmodi est, ut gyroma aut plane cesset, aut angustissimum fiat. Sori saepissime receptaculo impositi sunt e vasis spiralibus articulatis composito, simili modo, uti apices nervorum incrassati, hinc inde in pinnulis obvii, qui igitur receptacula abortiva dici possunt. — Anatomen ejusmodi nervi dedi in ***Act. Acad. Ber. ex anno*** 1835 *fig*. 9. Gyromatis conditio, sororum forma et indusium pro subordinibus characteres sufficientes praebent, in quos ordo, nimia specierum copia abundans, dividendus est. Indusii anatomen habes in ***Icon. anat. bot. F.*** 3. ***t.*** 3. ***f.*** 3. His characteribus sporarum formas adderem, quarum plures habeo icones nondum editas, sed in plantis affinibus diversas video, in diversis similes. Cfr. quoque quae Mohlius in ***Flor. ad.*** 1833 1. 39. hac de re accurate, ut solet, protulit.

Linnaeus secundum formam et directionem sororum Filicum genera disposuit. Smithius et post eum Swartzius indusium ad genera distinguenda adhibuerunt. Ad. Brongniart in Filicibus fossilibus, Schottius et Preslius in viventibus distinguendis ad nervos seu venas frondis respexerunt. Nervos enim vocaverim nec venas, Physiologos secutus, qui nervos vocant, utpote partes intus solidas nec cavas. Galli quoque „nervures“ dicunt, et Linnaeus majores minusque partitos nervos, minores magisque partitos venas vocavit. Hosce nervos Schottius caute, Preslius nimis audacter ad genera distinguenda adhibuit. Quid enim fiet de Botanica systematica, si quilibet Botanicus partem quandam plantae pro lubitu eligit, et secundum hanc novam perficit dispositionem cum nominum mutatione? Certe in antiquum chaos redibit scientia. Nulla pars alteri pro generibus distinguendis praeferenda est, nisi quae plura genera naturalia servat, id est, quae species affines minus divellit. Non rejicio nervos in specierum characteribus, at rejicio sane in generum charactere, dum contemplor, quomodo Preslius species quam maxime affines in diversa genera miserrime distraxerit, cujus rei multa exempla infra proferemus.

Genera Polypodiacearum pleraque cum ordinibus naturalibus secundi generis, de quibus supra in Introductione generali ad Filices dixi, conveniunt. Dum enim sori et indusii forma eadem fere manet in Pteride, Asplenio, Adianto, Aspidio aliisque, frons a forma simplici per varios gradus ad maxime compositam transit. Nec tantum in forma generali totius frondis, sed quoque in pinnarum et pinnularum varietatibus ejusmodi series conspicitur. Cessent itaque Botanici, pro lubitu ordines generaque disponere, et filum sequantur Ariadneum, quod eos per naturae labyrinthos tutissime perducet.

SUBORDO 1.

GLEICHENIACEAE.

Frons pinnata rarissime indivisa; saepius dichotoma, gemma aut ejus rudimento in bifurcatione ramorum praedita. ***Indusium*** nullum. ***Sporangia*** gyromate completo, aut laterali aut transversali.

Gyroma aut superne ambit sporangium directione transversali, ut in Gleicheniae quibusdam speciebus, aut a basi ad verticem usque et quidem longitudinali et obliqua directione ut in Mertensia. Fronde itaque simillimae filices sporangiorum structura saepe valde discrepant.

Genera huc referenda.

Gleichenia Smith. soris magis minusve immersis.

Calymella Presl. soris superficialibus et nudis, pinnulis cuculliformibus per hiatum sporangia emittentibus.

Platyzoma R. Br. fronde indivisa.
Mertensia Willd. soris superficialibus uniseriatis aut solitariis, pinnulis planis.
Sticherus Pr. soris biserialibus.

Gleicheniaceas nullas in Horto colimus.

SUBORDO 2.

CYATHEACEAE.

Frons pinnatim divisa nec dichotoma. ***Indusium*** interdum deficit. ***Sporangia*** gyromate completo.

Gyroma sporangia undique cingit et obliquum est, ita ut basis sporangii ad alterum latus posita sit. — Bernhardius primus discrimen inter gyroma completum et incompletum exposuit in *Schrad. neuem Journ. d. Bot. 1 B. 2 St.* Martius in pl. crypt. bras. elegantes dedit figuras. Preslius vero annulum non undique occupare aciem capsulae in Helicogyratis Bernh. ait, quod utique falsum.

Genera huc referenda.

Cyathea Sm. indusio totum sorum cingente. Disphenia Presl. vix differt, receptaculo tandem bifido nec initio.
Cnemidaria Pr. genus distinctum nervis pinnularum lateralibus conjunctis, ob pinnulas marginibus connatas.
Hemitelia RBr. indusio dimidiato.
Chnoophora Klfss. indusii loco sorus tomento cinctus est.
Matonia RBr. Wallich indusio centrali peltato.
Alsophila RBr. indusio nullo, soris remotiusculis.
Trichopteris Pr. indusio nullo, soris in medio nervorum secundum longitudinem pinnularum approximatis.
Metaxya Pr. soris pluribus in eodem nervo.

I. ALSOPHILA.

Frons bi- pluriesve pinnatisecta. ***Indusium*** obsoletum ***Sori*** ad bifurcationem nervorum remotiusculi.

Si sporangium indusio praefers, Alsophila huc referenda, si indusium sporangio, Alsophila juxta Polypodium collocanda erit.

1. A. *paleolata* fronde tripinnatifida, pinnellis obtusis falcatis margine reflexis subcrenato-serratis, rhachi costaque pubescentibus et squamulosis, stipitibus aculeatis.

D. Frons apud nos 4 ped. alta, pinnellae 4 lin. lgae. lin. latae, superne parum latiores ala connectente vix semilin. lata, rhachis nervique supra magis pubescentes quam infra.

Alsophila paleolata ***Mart. crypt. br.* 68. *t.* 43.** Polypodium alsophilum ***H. b.*** 2. 106.

Hab. in Brasilia. Perennans. C.

Opus praeclarum celeb. de Martius nondum habebam, cum plantam, Alsophilae asperae nomine ex hortis anglicis acceptam, ad iconem Hookerianam ejus plantae referrem, cum qua sat bene convenit, sporangii gyromate excepto. In nostris vero gyroma in basi sporangii multo latius est, quam in figura Martiana exhibetur.

In receptaculo pili conferti septati reperiuntur, uti in multis Cyatheaceis.

SUBORDO 3.

STRUTHIOPTERIDEAE.

Sporidochium e frondis pinnulis reflexis et connatis, ***Sporangium*** gyromate incompleto.

Sporidochii constructio singularis subordinem requirit proprium.

Genera huc referenda.

Onoclea Linn.
Struthiopteris Willd.

I. ONOCLEA.

Frondis fertilis pinnulae ejusdem pinnae omnes simul reflexae et connatae in ***sporidochium*** subglobosum irregulariter multiloculare. ***Sori*** in nervo primario pinnulae, indusiis septiformibus inclusi.

Pinnulas plures esse in unum idemque sporidochium connatas, testantur nervi majores sorum sustinentes.

1. O ***sensibilis*** fronde sterili subbipinnatifida, pinnellis laciniisve acutis.

D. Pl. ped. et ultra lga., pinnellae ad lin. lgae., frondis ala 2 lin. et ultra lata.

O. sensibilis ***Linn. W. sp.*** **287.** ***W. E.*** **1071.** ***E. a.*** **2. 460.** ***H. b.*** **2. 137.** ***Schkuhr Kr.*** **95.** ***t.*** **102.** ***Kaulf. en.*** **141.**

Hab. in Americae borealis pratis et sylvis apertis a Novo Eboraco ad Floridam (Pursh) — Perenne. D.

2. O. ***obtusiloba*** fr. subbipinnatifida, pinnellis triangularibus obtusis versus basin pinnae valde decrescentibus.

D. Pl. vix ped. alta, pinnae 4 poll. lgae., pinnulae versus apicem pinnae confluentes 6 lin. lgae., versus basin remotae vix 2 lin. lgae.

O. obtusilobata ***Schkuhr Kr.*** **95** ***t.*** **103.** Rhagiopteris obtusiloba ***Presl. Pteridogr.*** **96.**

Habit. in Pensylvaniae locis depressis. (Pursh). Perenne. D.

O. obtusiloba valde affinis est O. sensibili; pinnellae magis remotae et minus confluentes; nervi ramosi, qui in O. sensibili ramosissimi et reticulati. Ob hanc nervorum differentiam, characterem sane levissimum Preslius O. obtusilobam ad aliud genus, Rhagiopteridem, retulit.

Rhagiopteris onocleoides Presl. genere non differt sed specie, et ***Onoctea augescens*** vocanda, quia pinnellae (acute crenatae) versus basin pinnae augescunt, cum in reliquis hujus generis speciebus decrescant.

II. STRUTHIOPTERIS.

Frondis fertilis *pinnulae* singulae reflexae in *sporidochium* laterale elongatum, margine membranaceo lacero indusiiformi sororum seriem utrinque includentium septis irregularibus distinctum. *Sori* globosi conferti et continui, pilis e medio erumpentibus squamuliformibus.

Septa irregularia e pinnulis pagina interiore connatis oriuntur, pili vero e nervo, qui saepe squamulas in Filicibus gerunt.

1. Str. *germanica* fronde bipinnatifida, pinnellis semioblongis subfalcatis, obtusis, subcrenulatis.

D. Cormus subarborescens ultra ped. altus. Frondes steriles in ambitu 1—2 ped. lgae., pinnae 2—3 poll., pinnellae 2—3 lin. lgae.

Str. germanica *W. sp.* 5. 288. *W. E.* 1071. *E. a.* 2. 460. *H. b.* 2. 136. *Kaulf. en.* 142. Onoclea Struthiopteris *Swarz syn.* 111. *Roth germ.* 3. 37. *Schkuhr Kr.* 97 *t.* 105. Osmunda Struthiopteris *Linn. sp.* 1522.

Hab. in sylvaticis humidis, frequens in regionibus Altaicis (Ledebur) non rara in Scandinavia, rarior in Germania boreali. Perenne. D.

SUBORDO 4.

DICKSONIACEAE.

Sporidochium e frondis lobulo sorum aut circum circa cingens, aut pro parte tegens. *Indusium* aut sporidochium semitegens aut ipsi oppositum, rarissime nullum. *Sporangium* gyromate incompleto.

Genera huc referenda.

Dicksonia l'Herit.

Balantium Kaulf. Culcita Pr. sporidochio et indusio semibusulnari et receptaculo transverso vix differt.

Pinonia *Gaudich.* sporidochio fornicato, indusio subrotundo deflexo.

Cibotium *Kaulf.*

Leptopleuria Pr. sporidochio et indusio planis sorum comprimentibus bene distinctum genus (Dicksonia abrupta Bory).

Patania Pr. indusio nullo sat distinctum (Dicksonia obtusifolia Willd., Dicksonia erosa Kuntze, Davallia concinna Pr. olim).

1. DICKSONIA.

Frons pluries pinnatisecta. ***Sori*** subrotundi marginales. ***Sporidochium*** sorum circumcirca cingens. ***Indusium*** tenue sporidochium semitegens, tandem obliteratum.

D. ***tenera*** fr. quadripinnatifida, pinnellis lanceatis obtusis obtuse crenatis et pinnatifidis, stipite rhachique subsquamulosis.

D. Fr. 3—4 ped. alta, pinnellae 5 lin. lgae., vix 2 lin. latae, rhachis albens.

D. tenera Pr. D. adiantoides ***H. b. 2. 9. excl. syn.***

Hab. in America calidiore. Perennans. C.

Recte Preslius distinxit a D. adiantoide Humb. et Willdenovii cujus pinnellae minus profunde pinnatifidae, et rhachis non albens.

2. D. ***davallioides*** fr. quadripinnatifida, pinnellis lanceolatis obtusis, apice repandis, ceterum obtuse pinnatifidis, stipite piloso viscoso.

D. Fr. 3—4 ped. alta, pinnulae 5 lin. lgae., 2 lin. latae, rhachis virens pili sparsi in pagina inferiore frondis.

D. davallioides ***R. Br. prodr.*** 158 (14).

Hab. in Australia. Perennans. C.

Filix nostra saltem characteri a Brownio dato non repugnat. Non solum pilis stipites viscidis sed quoque pinnulis basi magis attenuatis a praecedente differt.

3. D. ***rubiginosa*** fr. quadripinnatifida, pinnellis lanceolatis obtusis acute crenatis, stipite rhachi costisque pilosis.

D. Fr. 3—4 ped., pinnellae 3—4 lin. lgae., 1—2 lin. latae, rhachis albens et fuscescens.

D. rubiginosa ***Kaulf. en.*** 226. ***H. b.*** 2 10.

Hab. in Rio Janeiro Brasiliae. Perennans. C.

II. BALANTIUM.

Frons pluries pinnatisecta. ***Sori*** subrotundi marginales. ***Sporidochium*** sorum semicingens. ***Indusium*** sporidochio oppositum ipso minus, demum reflexum membranaceum persistens.

Tegmentum sori ob sporidochium et indusium dimidiatum bivalve videtur.

1. B. ***arborescens*** fr. bipinnatifida, pinnellis subtriangularibus angulatis, rhachi costis nervisque pubescentibus.

D. Fr. in nostris 2—3 ped., pinnae 1—4 poll., pinnellae 3 lin. lgae., 2 lin. basi latae.

Balantium auricomum ***Kaulf. en.*** 225. Dicksonia arborescens ***L'Herit. sert. angl.*** 31. ***Ait. Kew.*** 3. 469. Di cksonia integra ***Sw. syn.*** 136.

Hab. in insula St. Helenae. Perennans. C.

Balantium glaucescens. In Horto hoc nomine filicem colimus, quae vero nondum fructus protulit. Frons tripinnatifida, pinnellae lanceatae, ala angusta decurrentes, 4 lin. lgae. 2 lin. latae acutae serratae. Stipes rhachis costaeque pilis longis patulis. Frons tenera. Parum glaucescens. Preslius in Pteridogr. nomine Balantii glaucophylli citat.

III. CIBOTIUM.

Frons pluries pinnatisecta. ***Sori*** subrotundi marginales. ***Sporidochium*** sorum semicingens. ***Indusium*** sporidochio oppositum ipsi aequale, demum secedens, firmum persistens.

1. C. ***Schiedei*** fr. bipinnata et subtripinnatifida, pinnis longe acuminatis, pinnulis linearibus acutis crenatis et pinnatifidis subtus glaucescentibus.

D. Cormus frutescens. Fr. 2 ped., pinnae 6—7 poll. lgae., pinnellae 6—7 lin. lgae., 2—3 lin. latae.

Cibotium Schiedei ***Schlechtend. et Chamisso Linnaea*** 5. 616.

Hab. in Mexico; ad Hacienda de la Laguna legit cl. Schiede. Perennans. C.

SUBORDO 5.

DAVALLIACEAE.

Indusium sorum superne tegens, circumcirca aut inferne adnatum. ***Sporangia*** gyromate laterali incompleto.

Genera huc referenda.

Allantodia R. Br.
Adectum.
Davallia Smith.
Saccoloma Kaulf.
Stenolobus Presl. soris linearibus distinctum genus (Davallia ornata Wall., D. solida Sw., Dav. elegans Kze.).
Microlepia Pr. indusio brevi, soris initio intra laminam frondis.
Sphaeropteris RBr.
Lindsaya Dryandr.
Peranema Don.
Physematium Kaulf. Hymenocystis Meyer cfr. Treviran. Flor. 20. 747.
Thyrsopteris Kze.
Cystopteris Kaulf. Acrophorus Pr.

I. ALLANTODIA.

Frons tripinnatisecta. *Sori* oblongi, utrinque ad costam seriati. *Indusium* utrinque ad sorum adnatum cumque tegens, demum dehiscens et lacerum.

Genus distinctissimum, a R. Brownio optime conditum, facile ab Athyrio distinguendum, cum quo male conjunxit Preslius.

1. A. *umbrosa* fronde tripinnata, pinnulis decurrentibus semioblongis et lanceatis serratis, serraturis infimis bidentatis.

D. Corm. frutesc., fr. 3 ped., pinnae secundariae 1—2 poll. longae, pinnulae 3—4 lin. lgae., vix ultra lin. latae. Sori parvi vix lin. lgi.

A. umbrosa *R. Brown. prodr.* 5 (149) *Kaulf. en.* 179. Aspidium umbrosum *Sw. W. sp.* 5. 282.

Hab. in Madeira. Perennans. T.

II. ADECTUM.

Frons tripinnatisecta. *Sori* subrotundi marginales ad sinus frondis. *Indusium* undique ad sorum adnatum cumque tegens, demum medio dehiscens et circulare.

A. Dicksonia defectu sporidochii valde differt.

1. A. *pilosiusculum* fr. tripinnatifida, pinnellis brevibus, antice et superne incisis, stipite rhachi costisque pubescentibus.

D. Fr. 1—2 ped. alta, pinnae 3 poll. lgae., pinnulae 3 lin. pinnellae lin. lgae.

Dicksonia pilosiuscula *W. sp.* 5. 484. *W. E.* 1076. *E. a.* 2. 464. *H. b.* 2. 10. *Raddi bras.* 63. Dicksonia pubescens *Schkuhr kr.* 125 *t.* 132.

Hab. in sylvis opacis ad rupes Pensylvaniae et Virginiae nec non in locis montosis prope Tejuco Brasiliae. Perenne. D.

II. DAVALLIA.

Frons pinnata, bi—pluriesque pinnatisecta. ***Sori*** subrotundi terminales et subterminales in sinu laciniarum. ***Indusium*** firmum, sub soro adnatum, ipsum includens, superne solutum.

1. D. ***canariensis*** fr. tripartita, ramis triplicato-pinnatis, laciniis ultimis linearibus antice bi-plurifidis, soris ad apicem laciniarum.

D. Fr. 1—2 ped. alta, ambitu triangulari, laciniae ultimae lin. longae, semilin. latae.

D. canariensis ***Sw. syn.*** 134. ***W. sp.*** 5. 474. ***W. E.*** 1075. ***E. a.*** 2. 464. ***H. b.*** 2. 8. Trichomanes canariensis ***Linn. sp.*** 1562. ***Brot. lus.*** 2. 305. Polypodium lusitanicum ***Linn. sp.*** 1536. Filix lusitanica Polypodii radice ***Magn. hort. monsp. ic. p.*** 79. Filix ramosa canariensis etc. ***Pluk. alm.*** 156 ***t.*** 291.

Hab. in Canariis et Lusitania, frequens in montibus Cintrae. Perennans. T.

2. D. ***pyxidata*** fr. quadripinnatifida, laciniis ultimis brevissimis integris, soris ad apicem laciniarum.

D. Fr. 1—2 ped. ambitu triangulari, pinnis inferioribus alternis.

D. pyxidata ***Cavan. prael.*** 1801 ***n.*** 694. ***Sw. W. sp.*** 5. 471. ***E. a.*** 2. 464. ***H. b.*** 2. 8. ***R. Br. pr.*** 157 ***(e. g.*** 13.***)*** ***Kaulf. en.*** 221.

Hab. in Australia, insulis Philippinis et Marianis (de Chamisso). Perennans. C.

3. D. ***Schlechtendalii*** fr. pluries pinnata, pinnis divaricatis, laciniis ultimis linearibus longiusculis, soris in apice laciniarum.

D. Fr. 1—2 ped. alta, ambitu lanceolato, laciniae ultimae 2 lin. lgae. vix lin. dim. latae.

D. Schlechtendalii *Pr.* D. divaricata Schlechtend. et Chamisso *Linnaea* 5. 617. *H. b.* 2. 8.

Hab. in Mexico (Schiede). Perennans. C.

Nomen D. divaricatae prius est, nam postea cl. Blume D. divaricatam introduxit. Sed nolo mutare.

III. PHYSEMATIUM.

Frons bipinnatisecta. ***Sori*** subrotundi in nervorum lateralium apicibus, sporangiis depauperati. ***Indusium*** membranaceum initio sorum undique tegens, tum irregulariter ruptum.

1. Ph. ***molle*** fronde bipinnata, pinnulis semioblongis crenatis, antrorsum confluentibus, subtusque crispe pilosis.

D. Frondes ped. petiolis albentibus, pinnae poll. longae, pinnulae 4 lin. lgae., 2 lin, latae, pili ferruginei.

Physematium molle ***Kaulf. H. b.*** 2. 134. ***Kunze anal. pter.*** 41. ***t.*** 27.

Hab. in Mexico. Perennans. C.

2. Ph. ***Perrinianum*** fronde bipinnata, pinnulis oblongis inciso pinnatifidis, antrorsum confluentibus, glabriusculis, pilis in petiolo sparsis crispis.

D. Frondes ped. et ultra, stipitibus albentibus, pinnae poll. et ultra lgae., pinnulae ad 4 lin. lgae., ad 2 latae.

Physematium perrinianum ***Presl. pterid.*** 88. ***Kze. an. pterid.*** 43. Cystopteris Perriniana ***H. b.*** 2. 131. Woodsia Perriniana ***Hook. et Grew. fil. t.*** 68. Aspidium obtusum ***W. sp.*** 5. 254. Polypodium obtusum ***Sw. syn.*** 39. 420. ***Schkuhr Kr.*** 18. ***t.*** 21.

Hab. in rupibus Pensylvaniae et Virginiae (Pursh) Georgia (Beyrich), insula St. Thomae (Perrin, Hook). Perenn. C.

Ob indusii lacinias in altero latere minores olim ad Cystopteridem retuli, sed Preslius melius ad Physematium reduxit.

A praecedente nec nisi pinnulis magis incisis et pilis rarioribus differt, ut fere varietatem esse putaverim.

IV. CYSTOPTERIS.

Frons bi—pluriesve pinnatisecta. ***Sori*** subrotundi. ***Indusium*** laterale, sorum inferne cingens, demum reflexum obliteratum.

1. C. ***bulbifera*** fr. tripinnatifida ambitu lanceolato, pinnulis oblongis serrato-pinnatifidis, laciniis acute 2—3 dentatis, soris utrinque ad costam serie simplici.

D. Fr. ped., pinnae 1—2 poll., pinnulae 4—5 lin. lgae., 1—2 lin. latae. Rhachis et costae interdum bulbiliferae.

C. bulbifera ***Bernhard H. b.*** 2. 129. Aspidium bulbiferum ***Sw. W. sp.*** 5. 275. ***E. a.*** 2. 459. ***Schkuhr Kr.*** 55. ***t.*** 57. Nephrodium bulbiferum Michx am. 2. 268. Polypodium bulbiferum ***Linn. sp.*** 1558.

Hab. in sylvis umbrosis ad rupes in America boreali a Canada ad Pensylvaniam. Perenne. D.

2. C. ***dentata*** fr. subtripinnatifida ambitu lanceolato, pinnulis oblongis, basi vix attenuatis pinnatifido-incisis, laciniis obtuse 1—2 dentatis, soris subseriatis.

D. Fr. 6 poll. lga., pinnae poll., pinnulae 4 lin. lgae. 2 lin. latae, ala angustissima.

C. dentata ***Smith engl.*** 4. 300. Cysthea dentata ***Engl. Bot.*** 1588. Aspidium dentatum ***Sw. W. sp.*** 5. 273. ***E. a.*** 2. 459. Polypodium dentatum ***Dickson cr.*** 3. 1. ***t.*** 7.

Hab. in montibus altis Angliae et Scotiae. Perenne. F.

Cystopteris Pontederae seu Aspidium Pontederae ***W. sp.*** 5. 273. Polypodium Pontederae ***Allion ped. n.*** 2405. C. dentatae proxima est. Differt pinnulis basi plane non attenuatis sed alae latae impositis, laciniis acute dentatis. Vix diversam puto a. C. dentata. In Italia superiore. Cfr. H. b. 2. 129.

3. C. *fragilis* fr. subtripinnatifida, ambitu lanceolato, pinnulis oblongis, basi attenuatis inciso- pinnatifidis, laciniis obtusiusculis aut acute 1—3 dentatis, soris in laciniis subseriatis.

D. Frons 6 poll. ad ped. lga., pinnulae inferiorum 3—4 lin. lgae., ala rhacheos angusta.

Typus. Pinnae apice non longe acutatae, pinnulae basi attenuatae obtusiusculae 1—3 dentatae.

C. fragilis ***Bernhardi Schrad. N. Journ.*** 1. 2. 26. ***Hooker brit.*** 387. ***H. b.*** 2. 129. Cystea fragilis ***Smith engl.*** 4. 109. Aspidium fragile ***W. sp.*** 5. 200. ***W. E.*** 1070. ***E. a.*** 2. 460. ***Kaulf. en.*** 242. ***Schkuhr kr.*** 53. *t.* 54. Polypodium fragile ***Linn. sp.*** 1553.

Hab. in tota fere Europa, ad Lusitaniam borealem usque, ad rupes locis irriguis.

Var. angustata.

Pinnae semper longe acutatae, pinnulae basi minus attenuatae, magis distantes, acutissime tridentatae.

C. rhaetica ***H. b.*** 2. 131. Cystea angustata ***Smith engl. fl.*** 4. 301. Aspidium rhaeticum ***Sw. W. sp.*** 5. 280. ***E. a.*** 2. 459. Aspidium alpestre ***Schkuhr Kr.*** 58 ***t.*** 60. adscripto nomine Aspid. umbrosi. Polypodium rhaeticum? ***Linn. sp.*** 1352.

Hab. in montosis Germaniae, Angliae, Helvetiae, Hungariae, Italiae superioris. Perenne. D.

Differt praecipue pinnularum forma, quae minus basi attenuatae, tum vero dentibus acutis. Secundum Smithium in Hbrio Linnaeano Polypodii rhaetici specimen adest pessimum non determinandum; hinc nomen expungendum putat.

4. C. ***alpina*** fr. subtripinnata, ambitu lanceolato, pinnulis lanceolatis subpinnatis, laciniis distantibus, inciso-pinnatifidis obtusiuscule dentatis, soris in lacinulis subseriatis.

Typus.

D. Fr. vix pedalis, pinnae vix poll. lgae., pinnulae 3 lin. lgae., ala angustissima.

C. alpina *H. b.* 2. 130. Aspidium alpinum *Sw. W. sp.* 5. 282. *E. a.* 2. 460. *Schkuhr Kr.* 60. *t.* 62. Polypodium alpinum *Jacq. ic.* 3. *t.* 642. *coll.* 2. 171.

Hab. in Alpibus Helvetiae et adjacentibus. Perenne. D.

Subtiliore frondis divisione praesertim a praecedentibus differt.

Var. Regia.

D. Fr. ped. et ultra, pinnae 2 poll. lgae., pinnulae 6 lin. lgae., 3 lin. latae, ala angusta.

C. alpina regia *H. b.* 2. 130. C. alpina *Hooker britt.* 387. Cystea regia *Smith br.* 1140. Aspidium regium *Sw. W. sp.* 5. 287. *E. a.* 2. 400.

Hab. in Alpibus minus elatis Europae. Perenne. J.

5. C. *montana* fr. quadripinnatifida, ambitu triangulari, laciniis ultimis semioblongis obtuse dentatis.

D. Fr. stipite longo, lamina 4 poll., pinnae inferiores 2—3 poll., pinnulae inferiores longiores ultimae 3—4 lin., lacinulae parvae.

C. montana *H. b.* 2. 231. Aspidium montanum *Sw. W. sp.* 5. 286. *E. a.* 2. 400. *Schkuhr Kr.* 61. *t.* 63. Polypodium montanum *Haenke in Jacq. Coll.* 2. 46. *Allion ped. n.* 2410. Polypod. myrrhidifolium *Villars delph.* 3. 851 *t.* 53.

Hab. in Alpibus Helvetiae et adjacentibus, non raro in Sudetis, Lapponia. Perenne. D.

Ambitu triangulari frondium facile dignoscitur.

6. C. *albescens* fr. tripinnatifida, ambitu lanceolato, pinnulis oblongis inciso-pinnatifidis crenulatis, supra pilis minutissimis, basi attenuatis.

D. Fr. vix 3 poll. alta, pinnae vix 6 lin. lgae., inferiores inciso-pinnatifidae, superiores indivisae confluentes, sori pauci laterales.

Hab. in Islandia? — F.

Plantulam hanc C. islandicae nomine accepimus. Aff. Physematio fragili Kunze s. Hymenicysti Meyer et sori simili modo ad marginem positi, crena in sorum saepe reflexa, unde habitum Dicksoniae prae se fert. Stipes albescens glaberrimus, pili in pagina sup. minimi vix dignoscendi. Indusia sorum circumcirca fere cingunt, sed non undique, ita ut ad Physematium referre non possim.

SUBORDO 6.

PTERIDEAE.

Sori marginales, ***indusio*** e margine oriundo. ***Sporangia*** gyromate verticali incompleto.

Genera huc referenda.

Ceratopteris Brongn.
Haplopteris Pr. fr. simplici integra, soris inframarginalibus, a medio frondis ad apicem usque continuis.
Hymenopteris Kaulf.
Pteris Linn. Monogonia Pr. expungenda.
Campteria Pr., Amphiblestra Pr.
Pellaea.
Allosorus Bernh.
Cassebura Kaulf.
Adiantum Linn.
Cheilanthes Sw.
Hypolepis Bernh.
Lonchitis Linn.

Pterideas Preslius singulari modo disposuit, nam Pteridem argenteam a Pt. pedata, creticam a denticulata, nemoralem a Rottleriana, calomelanos a flexuosa etc. etc. genere sejungit plantas maxime affines.

I. CERATOPTERIS.

Frondes steriles et fructiferae dissimiles, utraeque simplices laciniatae. ***Sori*** subrotundi in seriem marginalem dispositi. ***Indusium*** laterale e margine frondis.

1. C. ***thalictroides*** frondibus sterilibus infimis sinuato-pinnatifidis, inferioribus bipinnatifidis, laciniis angustioribus acutioribus, fertilibus tripinnatifidis, laciniis angustissimis.

D. Fr. 1—2 ped. alta expansa, succulenta, habitum plantae umbelliferae aquaticae prae se ferens.

C. thalictroides ***Brongn. Bulletin d. l. Soc. phil.*** **1821. 181.** ***H. b.*** **2. 366.** Acrostichum-thalictroides ***Linn. sp.*** **1527.** ***Am. ac.*** **1. 270.** ***t.*** **12.** ***f.*** 3. Pteris thalictroides ***Sw. syn.*** **98.** ***Willd. sp.*** **5.** 378. Ellobocarpus oleraceus ***Kaulf. en.*** **148.**

Hab. in aquis stagnantibus Indiae orientalis et Chinae australis, enata in Horto e seminibus a clar. D. Meyen e China australi allatis. Annua. C.

II. PTERIS.

Frons simplex aut pinnata, bi- pluriesve pinnatisecta. ***Sorus*** marginalis continuus. ***Indusium*** margini frondis adnatum, ab ipso distinctum, limbo membranaceo.

Subgen. **1.** ***Pteridopsis.*** Frons decrescens.

1. Pt. ***longifolia*** pinnis longe lanceolatis, basi auriculato-subcordatis, subsessilibus sterilibus, serrulatis, rhachi subsquamulosa, stipite inferne squamuloso-setaceo.

D. Fr. 1—2 ped., pinnulae 3—5 poll. lgae., 3—4 lin. latae.

Pt. longifolia ***Linn. W. sp.*** 5. 369. ***W. E.*** **1073.** ***E.***

a. 2. 401. *H. b.* 2. 20. *Kaulf. en.* 186. *Schkuhr Kr.* 84. *t.* 88. *Jacq. Schönbr.* 3. 78. *t.* 399. *Agardh* Pterid. 1. Lonchitis non ramosa longis angustis et ad basin auriculatis foliis. *Plum. fil.* 52. *t.* 69.

Hab. in Jamaica, Hispaniola, Philippinis. Perennans. C.

Pteris longifolia Syracusis lecta minor est, stipite brevi basi tantummodo squamuloso, pinnis brevioribus, margine magis cartilagineo, rhachi magis squamulosa.

Pt. costata *H. b.* 2. 20. est varietas Pt. longifoliae glabrescens. At Pt. costata Bory Willd. est species diversa, stipite glaberrimo.

2. Pt. *semihirta* pinnis lanceolato-linearibus, basi auriculato-cordatis subsessilibus, stipite inferne glabro, rhachi hinc pubescente.

D. Fr. 1—2 ped., pinnulae 2 lin. lgae. 2 lin. latae, rhachis hinc rotundata et glabra, illinc canaliculata bicarinata, ibique squamulis piliformibus crispis.

Hab. in insula Cuba. Ed. Otto. Perennans. C.

Omnes pinnulae in nostris fertiles erant jam a prima aetate.

3. Pt. *grandifolia* pinnis longe lateque lanceolatis basi ovali subsessilibus, sterilibus integerrimis, stipite glaberrimo.

D. Fr. 1—2 ped., pinnae 5—9 poll. lgae., 6—8—10 lin. latae.

Pt. grandifolia *Linn. W. sp.* 5. 369. *E. a.* 2. 461. *H. b.* 2. 21. *Agardh. Pter.* 7. Pt. *vittata Schkuhr Kr.* 84. *t.* 89.

Hab. in Jamaic., St. Domingo et Martinica. Perennis. C.

4. Pt. *falcata* pinnis lanceolatis, basi subtrunculatis auriculatis, subpetiolatis, subtus candicantibus, stipite rhachique squamulosis et pilosis.

D. Fr. 1—2 ped., pinnae poll. longae, 3—4 lin. latae, breviter acutae, saepe falcatae, stipes cum rhachi brunneus.

Pt. falcata *R. Brown pr.* 154 (10). *H. b.* 2. 21.
Hab. in Australia. Perennans. C.

Pinnae delabuntur et petiolos dentatos relinquunt.
In H. b. l. c. errore typogr. fr. ultra poll. lga. dicitur, quae ultra ped. lga.

Subgen. 2. *Pteris genuina.* Frons pyramidata.

Sectio I. Frons subpinnatifida, pinnis ternis, duabus infimis bipartitis.

5. Pt. *argentea* fr. ternata, pinnis infimis bipartitis, omnibus obtusissime pinnatifidis, margine crenulato, subtus argenteis.

D. Fr. stipite 3—4 poll., lamina parum ultra poll., pinna terminalis parum lateralibus longiore, stipes badius.

Pteris argentea *Gmel. Sw. syn.* 105 *et* 301. *W. sp.* 5. 360. *E. a.* 2. 461. *H. b.* 2. 22. *Langsd. et Fisch. fil.* 1. 19. *t.* 22. Pt. pedata var. sibirica *Linn. sp.* 1532. Allosorus argenteus *Pr.*

Hab. in Sibiria orientali ad lacum Baical. Perenne. D.

6. Pt. *pedata* fr. ternata, pinnis infimis bipartitis, omnibus acutiuscule pinnatifidis, margine subcrenulato, subtus concoloribus.

D. Fr. stipite 3 poll., lamina 2 poll., pinna terminalis parum lateralibus longior.

Pt. pedata *Linn. Sw. W. sp.* 5. 358. *E. a.* 2. 461. *H. b.* 2. 22. *Schkuhr Kr.* 91. *t.* 100. *Langsd. et Fisch. fil.* 17. *t.* 20. *Klf. en.* 185. *Raddi br.* 45. *t.* 66. Lithobrochia pedata *Pr.* Hemonitis profunde laciniata ad oras pulverulenta. *Plum. fil.* 130. *t.* 152.

Hab. in Jamaica, Hispaniola, Virginia, Brasilia, Owahu, Australia. Perennans. C.

Sect. II. Frons subbipinnatisecta, pinnis pluribus.

Frons subbipinnata dicitur, cujus pinnae inferiores basi tantum pinnatifidae aut bipartitae sunt.

7. Pt. *cretica* pinnis lanceolatis acutis subpetiolatis, basi hinc parum decurrentibus, infimis simpliciter bipartitis, nervis lateralibus simplicibus et bipartitis, sterilibus latioribus cartilagineo-serrulatis, fronde sterili et fertili subaequali.

D. Fr. ped. c. u., pinnae 3—4 poll. lgae., terminales 7 poll. steriles 6—8 lin. latae, fertiles 5—6 lin.

P. cretica ***Linn. W. sp.* 5. 375. *W. E.* 1075. *E. a.*** 2. **462. *Schkuhr Kr.* 85. *t.* 90. *Agardh Pter.* 8.**

Hab. in Gallia australi, Helvetia, Creta, Armenia, Arabia, Prom. b. sp. Perennans. T.

Frondes juniores semper pinnatas vidi.

8. Pt. ***umbrosa*** pinnis longe lanceolatis acutis basi inferne longe decurrentibus, infimis bipartitis aut pinnatifidis, nervis lateralibus simplicibus et bipartitis, sterilibus serrulatis, fr. fertili et sterili subaequali.

D. Fr. 2 — 3 ped., pinnae steriles 6 poll. et ultra lgae., 6 lin. latae.

Pt. umbrosa ***R. Brown pr.* 154 (10). *Agardh Pt.* 12.**

Hab. in Australia. Perennans.

Fructus non vidi. Elegans filix. Specimen in Hbrio. Sieberi habet folia longiora angustiora.

9. Pt. ***emergens*** pinnis lanceolato-linearibus, sessilibus, basi hinc decurrentibus, infimis simpliciter bipartitis nervis lateralibus densis simplicibus et bipartitis, sterilibus latioribus serrulatis, fronde fertili duplo longiore.

D. Fr. sterilis ped. alta, fertilis 2 ped. et ultra, stipes rhachisque virentes, pinnae fertiles 2—3 poll. lgae., 3 lin. latae, steriles 2—3. poll. lgae., 6 lin. latae.

Hab. in Brasilia? Perennans. C.

Haec est, sine dubio, quam Agardhius (cfr. Pterid. 10.) nomine Pt. angustatae ex Hort. bot. ber. vidit, quam quoque varietatem Pt.

creticae putavi. Nunc vero distinguo, cum non solum pinnae multo angustiores sint, sed quoque frons fertilis multo altior sterili.

10. Pt. *denticulata* pinnis lanceolatis acutis subpetiolatis, inferioribus praesertim deorsum pinnatifidis, nervis reticulatis, sterilibus latioribus setaceo serratis, fertilibus angustioribus apice serratis.

D. Fr. ped. c. u. alta, stipes rhachisque virescenstes, pinnae 5 poll. lgae., 6 lin. latae, fertiles 3—4 poll. lgae., 5 lin. latae, rhachis superne alata.

Pt. denticulata ***Sw. syn.*** 97. ***ind. occ.* 3. 1600. *W. sp.* 5. 372. *Kaulf. en.* 487. *Hooker et Grev. fil.* 1. *t.*** 28. ***H. b.*** 2. **24.** ***Agardh Pter.*** 58.

Hab. in Hispaniola et Brasilia. Perennans. C.

Agardhius, qui modo Presliano Pt. creticam ab affini denticulata longo spatio separat, huc refert Pt. tristiculam ***Raddi br.*** 46. ***t.*** 49., qui sat differre videtur, Pt. brasiliensem vero ***Raddi br.*** 47. ***t.*** 68 ***bis*** specie sejungit, quae simillima est, et ab Hookero recte, uti equidem puto, huc relata.

In Hbrio. Willd. frons aliena sterilis frondi fertili genuinae addita est, ut equidem puto.

11. Pt. *contracta* pinnis lanceolato-linearibus petiolatis, infimis bipartitis et pinnatis, nervis laxe reticulatis, sterilibus latioribus serratis, fertilibus angustioribus apice serratis.

D. Fr. ad 2 ped. alta, sterilis duplo minor, stipes rhachisque albentes, pinnae steriles 2—3 poll. lgae., 8 lin. latae, fertiles 5—6 poll. lgae., haud ultra 4 lin. latae, ala et in superioribus vix ulla.

Pt. stenophylla ***H. b.*** 2. 23.

Hab. . . . . Perennans. C.

„Pteris stenophylla ***Linn. H. b. etc.***, ait Agardhius ***Pter.*** 10. fide speciminis nomine Pteridis angustatae ad Cel. Smith missi. mera Pt. cretica.“ Cum nomine Pt. angustatae specimen missum fuerit, cur meam esse Pt. stenophyllam credidit? A Pt. cretica satis superque differt. Melius a Preslio ad Pt. denticulatam redacta est, a qua tamen differt, pinnis multo angustioribus et longioribus, stipite albente, ala rhacheos vix ulla, praesertim vero habitu, cum frondes fructiferae plus quam duplo longiores sint sterilibus. Si frons non bene evoluta est, pinnellae breves et rotundatae apparent.

12. Pt. ***serrulata*** pinnis lanceolatis longe acutatis subpetiolatis, inferioribus interdum pinnatifidis, sterilibus serrulatis, nervis rectis simplicibus et furcatis, fertilibus angustioribus integerrimis.

D. Fr. 1—2 ped. alta, pinnae steriles 1—5 poll. lgae., 3 lin. latae, fertiles ad 6 poll. lgae., 2 lin. latae.

Pt. serrulata ***Linn. fil. W. sp.*** 5. 373. ***W. E.*** 1073. ***E. a.*** 2. 461. ***H. b.*** 2. 24. ***Schkuhr Kr.*** 85 ***t.*** 91. ***Agardh Pter.*** 73.

Hab. in Japonia, China, Zeylona. Perennans. C.

13. Pt. ***crenata*** pinnis pinnellisque ovalibus oblongis et longe lanceolatis, obtusis et acutis, inferioribus saepe pinnatifidis serrulatis, nervis dichotomis, fertilibus angustioribus longioribus integerrimis.

D. Fr. ped., pinnae pinnellaeque 6 lin., — 2 poll. lgae., 3—4 lin. latae, fertiles 3 — 5 poll. lgae., 2 lin. latae.

Pt. crenata ***Sw.*** 96. 290. ***W. sp.*** 5. 373. ***H. b.*** 2. 25. ***Agardh Pter.*** 14. Acrostichum trifoliatum ***Hocult. Pflzsit. t.*** 95. ***f.*** 3.

Hab. in India orientali, Philippinis, China. Perennans. C.

14. Pt. ***leptophylla*** pinnis summis lanceolatis, inferioribus plerisque pinnatifidis, infima bipartita, pinnellis lanceatis et lanceolatis, sterilibus cartilagineo et spinulose serrulatis.

D. Fr. stipite 8 poll. lga., lamina 3—4 poll., pinnellae ad 2 poll. lgae., 2 lin. latae, pilis hinc inde sparsis.

Pt. leptophylla ***Sw. Act. Holm.*** 1817, 70. ***Agardh***

Pter. 57. Pt. spinulosa *Raddi bras.* 47. *t.* 70. Cheilanthes spinulosa *H. b.* 2. 39.

Hab. in Brasilia (Raddi, Sellow). Perennans. C.

15. Pt. ***intramarginalis*** pinnis plerisque pinnatifidis, pinnellis sterilibus linearibus obtusis denticulatis, fertilibus angustis acutiusculis, indusio inframarginali.

D. Fr. ped., pinnellae ad poll. lgae. valde inaequales, 2—3 lin. latae, fertiles ejusdem longitudinis sed magis magisque angustatae. Indusium a margine explanato separatum.

Pt. intramarginalis *Klf. H. b.* 2. 34. (err. typ. inframarg.) *Schlecht. Linnaea* 5. 613. *Kze. anat. pterid.* 27. *t.* 17. *f.* 1. Allosorus intramarginalis *Presl.*

Hab. in Mexico, nec in Brasilia, specimen ad urbem Jalapa a clar. Schiedeo lectum in Hbr. gen. Perenne. C.

16. Pt. ***chrysocarpa*** pinnis apice pinnatifidis ceterum bipinnatifidis, pinnellis linearibus obtusis serratis basi decurrentibus, soris fere apicem pinnellae attingentibus.

D. Fr. 2—3 ped. alta, pinnellae 4—7 lin. lgae., parum ultra lin. latae. Stipes badius.

Pt. chrysocarpa *Hook. et Grev. fil.* 1. *t.* 107. Allosorus auratus *Presl.*

Hab. in Nepalia sec. Hamilton, in montibus prope Kathmandu legit Wallich; Perennans. C.

Nomine Pt. edulis colimus filicem simillimam, nec nisi soris brevioribus distinctam, quae vix dimidiam partem pinnellae attingunt.

Sect. III. Frons bi- pluriesve pinnatisecta, pinnis infimis bipartitis.

17. Pt. ***nemoralis*** fr. bipinnatifida, pinnellis lanceatis obtusissimis integerrimis, ala connectente lata.

D. Fr. 2—3 ped. lga., pinnellae 4 lin. lgae., 2 lin. latae, ala connectens ultra 2 lin. lata. Sorus apicem pin-

Pt. nemoralis *W. sp.* 5. 386. *W. E.* 1073. *E. a.* 2. 462. *H. b.* 2. 38. Pt. Plumieri *E. a.* 2. 462. non differt, nam spinulae istae in pagina superiori pinnularum in pluribus speciebus affinibus deprehenduntur ex ala rhacheos ortae.

Hab. in insula Mauritii et Borboniae. Perennans. C.

Pt. Rottlerianam seu Pt. nemoralem Willd. Hbr. nr. 4. Preslius bene specie distinxit, pessime genere.

18. Pt. ***repandula*** fr. bipinnatifida, pinnellis lanceatis subfalcatis obtusis integerrimis et repandulis, ala connectente angustissima.

D. Fr. 2—3 ped. lga., pinnellae 6—8 lin. lgae. 2 lin. latae, ala connectente vix semilin. lga. Sorus apicem pinnellae fere attingens.

Pt. biaurita *H. b.* 2. 28.

Hab. in Brasilia. Perennans. C.

Species uti videtur distincta pinnulis s. pinnellis ad rhachin usque separatis, et apice pinnulae non serrulato, sed integerrimo et repandulo; spinulis ut in praecedente praedita.

Affinis Pt. biauritae et edentulae *Kze. Linnaea* 9. 75., sed pinnulae ad rhachin separatae.

19. Pt. ***arguta*** fr. hinc inde tripinnatifida, pinnellis lanceatis falcatis acutatis obtusiusculis sterilibus; undique fertilibus apice serratis.

D. Fr. 2—3 ped. longa, pinnae saepe apice attenuatae, pinnellae 6 lin.—poll. lgae., 2 lin. latae, ala connectens vix lin. lta. Sorus tres quadrantes pinnellae occupans.

Pt. arguta *Vahl symb.* 1. 84. *W. sp.* 5. 387. *W. E. S.* 70. *E. a.* 2. 462. *H. b.* 2. 29 *est variatio.* Pt. incompleta *Cavan. prael.* 1801. *n.* 661.

Hab. in Canariis, insulis Açores, Prom. b. sp. Perennans. C.

20. Pt. ***decurrens*** fr. hinc inde tripinnatifida, pinnellis lanceatis subfalcatis acutis mucronulatis piliferis, sterilibus undique fertilibus apice serratis.

D. Fr. 1—2 ped. alta, pinnellae 6—8 lin. lgae., 2—3 lin. latae, ala connectens ad 2 lin. lata, pili sparsi in margine, costis, rhachi, sorus parum ultra medium pinnellae occupans.

Pt. decurrens ***Raddi bras.*** 48. ***t.*** 69 ***bis.***

Hab. in sylvis Corcovado Brasiliae. Perennans. C.

21. Pt. ***podophylla*** fr. tripartita tripinnatifida hinc inde quadripinnatifida, pinnellis lanceatis subfalcatis acutis glaberrimis, soris in medio pinnellarum saepe inaequalibus.

D. Fr. 2—4—6 ped. lga., pinnellae 4—6 lin. lgae., 2—3 lin. latae, supra splendentes.

Pt. podophylla ***Sw. syn.*** 100. ***W. sp.*** 5. 403. (non in Hb.). ***Kunze Linnaea*** 1. ***t.*** 75. Pt. polita ***H. b.*** 2. 30.

Hab. in Brasilia. Perennans. C.

Preslius Pt. politam meam cum Pt. podophyllo Sw. conjunxit, nec repugno.

22. Pt. ***deflexa*** fr. tripinnatifida, pinnellis lanceatis subfalcatis, oblique truncatis, acutis mucronatis, antice serratis, pinnis transeuntibus versus apices in pinnellas.

D. Fr. ad 4 ped. alta, pinnae primariae summae in pinnellas sensim abeunt 4—6 lin. lgas., 2—3 latas; sic quoque pinnae secundariae, quae quoque in acumen simplex argute serratum transeunt, infimae saepe deflexae.

Pt. deflexa ***H. b.*** 2. 30.

Hab. in Brasilia. Perennans. C.

23. Pt. ***allosora*** fr. bipinnatifida, pinnellis lanceatis subfalcatis acutis, sterilibus serrulatis, soris 2 utrinque in medio pinnellae inferiore longiore.

D. Fr. 2—3 ped. alta, pinnellae inferiores 1—2 poll. 4 lin. latae, ala connectens angustissima, sorus in margine superiore pinnellae brevior in margine inferiore longior. Stipes badius.

Pt. allosora *H. b.* **2. 31.**

Hab. in Brasilia. Perennans C.

24. Pt. ***pallida*** fr. bi- tripinnatifida, pinnulis inferioribus petiolatis lanceatis, basi pinnatifidis, pinnellis rotundatis, soris pinnulam cingentibus.

D. Fr. 2 ped., pinnulae 8—10 lin. lgae., 3—4 latae.

Pt. pallida ***Raddi br.* 49. *t.* 21. *H. b.*** 2. 32.

Hab. in Brasilia. Perennans. C.

Periit in horto.

25. Pt. ***aquilina*** fr. tripinnatifida, pinnulis superioribus sessilibus lanceatis oblongis obtusis, inferioribus magis minusve basi pinnatifidis et pinnatis, pinnellis subtriangularibus.

D. Fr. 2—3 ped. alta, pinnulae ad 2 poll. lgae., pinnellae 6 lin. lgae, 2 lin. latae, stipes rhachisque magis minusve squamulosi.

Pt. aquilina ***Linn. W. sp.* 5. 402. *W. E.* 1074. *E. a.* 2. 462. *H. b.* 2. 33. *Schkuhr Kr.* 87. *t.* 95.**

Hab. in sylvis sterilibus totius Europae. Perenne. Indig.

Pt. caudata ***E. a.*** 2. **464.** ***excl. syn.*** non differt, nisi pinnulis terminalibus longioribus.

Pt. lanuginosa ***E. a.* 2. 464. *excl. syn.*** est varietas stipite rhachique magis squamuloso piloso.

Sectio IV. Frons bi- pluriesve pinnatisecta, pinnis infimis non bipartitis.

26. Pt. ***macroptera*** fr. bipinnatifida, pinnellis longe lanceatis acutatis, sterilibus undique, fertilibus apice serratis.

D. Fr. 2—3 ped. alta, pinnellae ad 6 poll. lgae., 5 lin. latae, ala connectens angustissima parum ultra lin. lata.

Pt. macroptera ***H. b.*** 2. **32.**

Hab. . . . . Perennans. C.

Specimini, quod olim a Kaulfussio missum erat, nomen Pt. intermediae inscripsit. Cum vero vix dicas, inter quas intermedia sit, macropteram dixi, et primus descripsi; hinc nomen imponere potui.

III. PELLAEA.

Frons pinnata, bi- pluriesve pinnata. ***Sorus*** continuus marginalis. ***Indusium*** e margine frondis reflexo in limbum membranaceum transeunte.

Pinnulae in omnibus petiolatae subsimplices. Habitus singularis, foliolis seu pinnulis discretis, qualis in aliis filicibus rarior deprehenditur. Stipes rigidus badius unde Pellaeam dixi; frons coriacea. Fateor tamen magis habitu, quam charactere genuino botanico a Cheilanthe differre Pellaeam. Ab Allosoro facilius distinguitur; nam pinnulae fertiles in Allosoro non solum contractae sunt, quod in Pellaeis quoque locum habet, sed sterilium incisiones et partitiones in fertilibus obliteratae sunt, quod in Pellaeis fieri non solet.

1. P. ***atropurpurea*** fr. subbipinnata, pinnis subcordato ovalibus et lanceolatis obtusis integerrimis, interdum hinc auriculatis, stipite rhachique badiis squamuloso-hirtis.

D. Fr. vix ped., pinnae pinnulaeve 6 lin., ad 1—2 poll. lgae., 2—3 lin. latae.

Pteris atropurpurea ***Linn. W. sp.*** 5. 375. ***W. E.*** 1074. ***E. a.*** 2. 462. ***H. b.*** 2. 26. ***Schkuhr Kr.*** 93. ***t.*** 101. Allosorus atropurpureus ***Kze. Presl.***

Hab. in fissuris rupium, a Pensylvania ad Carolinam (Pursh). Perenne. F.

2. P. ***ternifolia*** fr. subbipinnata, pinnis pinnulisve subsessilibus lanceolatis acutis integerrimis, inferioribus ternatis, stipite rhachique badiis glabriusculis.

D. Fr. semiped., pinnae pinnulaeve subaequales 6 lin. lgae., vix 2 lin. latae. Frondes juniores glaucae.

Pteris ternifolia ***Cavanill. prael.*** 1801. ***kr.*** 657. ***Hook. et Grev. fil.*** 2. ***t.*** 126. Pt. peruviana ***Poir. Enc. meth.***

5. 718. Pt. subverticillata *Sw. syn.* 103. *W. sp.* 3. 375. Allosorus subverticillatus *Pr.*

Hab. in Peru et in Andibus australioribus, insulis Sandwicensibus. Perennans. C

3. P. *hastata* fr. inferne lyrate bipinnata, superne pinnate, pinnis pinnulisque terminalibus triangularibus, basi saepe utrinque auriculatis stipite rhachique badiis glabris.

D. Fr. semiped., pinnae pinnulaeque terminales 12 lin. lgae., 8 lin. supra auriculis latae.

Pteris hastata *Sw. W. sp.* 5. 392. *W. E.* 1074. *E. a.* 2. 462. *H. b.* 2. 27. Allosorus hastatus *Pr.* Adiantum hastatum *Linn. fil. suppl.* 447.

Hab. ad Prom. b. sp. in insulis Mauritii et Borboniae. Perennans. C.

4. P. *flexuosa* fr. bi- tripinnata, pinnis omnibus cordatis ovatis obtusis, rhachi flexuosa cum stipite glabrescente, petiolis squamuloso-pubescentibus.

D. Fr. ped. alta et ultra late expansa, pinnulae 6—8 lin. lgae. 4—6 latae, petiolo ad 2 lin. lgo.

Pteris flexuosa *Kaulf. in litt. Presl.* Pt. cordata *Cavan. prael.* 1801, *n.* 662? *W. sp.* 5. 302? non in Hbrio. W. *H. b.* 2. 27. Allosorus flexuosus *Kunze die Farrnkräuter* 46. *t.* 23. *optime!*

Hab. in Peruvia. Perennans. C.

Cum Cavanilles rhacheos flexuosae mentionem non faciat, nomen Kaulfussianum restitui.

5. P. *sagittata* fr. bi- tripinnata glaucescente, pinnulis sterilibus cordatis ovatis, fertilibus cordate oblongis, rhachi subflexuosa cum petiolis glabrescente, stipite squamuloso-hirto.

D. Fr. ped. alta, pinnulae 6—8 lin. lgae., 3—4 lin. latae.

Pteris sagittata *Sw. syn.* 106. *Willd. sp.* 5. 392. *Ca-*

vanill. prael. **1801. 661.** Allosorus sagittatus ***Kunze Linnaea XIII.*** **137.** ***Farrnkräut.*** 48 *t.* 24. ***Presl.***

Hab. in Mexico. Perennans. C.

6. P. ***calomelanos*** fronde bi- tripinnata, pinnulis cordatis ovatis et rhomboideis, integris et subtrilobis, stipite, rhachi petiolisque glaberrimis badiis.

D. Fr. ped., pinnulae 6—8 lin. lgae, 5—10 lin latae.

Pteris calomelanos ***Sw. syn.*** **106.** ***W. sp.*** 5. **303.** ***Schlechtend. adumbr.*** 43. *t.* 29. ***Kunze Linnaea*** 10. 525. Pt. hastata ***Thunb. pr.*** **172.** ***cap.*** 733. ***excl. syn.*** Allosorus calomelanos ***Pr.***

Hab. in Promont. b. sp. Perennans. F.

V. ALLOSORUS.

Frondes pluries pinnatae, fertiles a sterilibus diversae. ***Sori*** subrotundi discreti margini parallele positi, demum confluentes. ***Indusium*** marginale obsoletum, margines reflexi soros tegentes et involventes, initio sese contingentes, demum patentes.

Genus Bernhardii optimum restituo habitu singulari facile distinguendum.

1. A. ***crispus*** fr. supradecomposita, laciniis sterilium ultimis cuneiformibus, bi- trifidis obtusis, fertilium lanceolato-linearibus acutiusculis.

D. Fr. ad ped. alta, lamina vero haud ultra 2—3 poll., ambitu triangulari, laciniae steriles 2—3 lin. lgae, antice ad 2 lin. latae, fertiles 3—4 lin. lgae., vix lin. latae.

A. crispus ***Bernh. Schrad. N. J. d. Bot.*** **1.** 2. 36. ***Kaulf. en.*** **143.** ***H. b.*** 2. 35. Cryptogramma crispa ***R. Br., Hook. britt.*** 389. Osmunda crispa ***Linn. sp.*** 1512. Pteris crispa ***Smith Sw. W. sp.*** 5. 395. ***Engl. Bot.*** **1160.**

Hab. in Alpibus totius Europae, etiam in Unalaschka. Perenne. F.

VI. CHEILANTHES.

Frons pinnata, bi- pluriesve pinnata. ***Sori*** subrotundi discreti marginales, demum saepe confluentes. ***Indusium*** a margine non distinctum plerumque obsoletum; margo frondis reflexus soros tegens.

Genus a Pellaea praesertim habitu differt, fronde tenera, pinnulis varie incisis et dissectis, ab Allosoro fronde sterili a fertili non valde diversa.

Sectio I. Margo totius pinnulae reflexus, soros tegens.

1. Ch. ***auriculata*** fr. pinnata, pinnis oblongis, obtusis, basi auriculatis et trilobis.

D. Frons 5—6 poll. lga., pinnae 6—8 lin. lgae, 4 lin. latae, tenerae.

Cheilanthes auriculata ***H. b.*** 2. 36. Pteris auriculata ***Sw. W. sp.*** 5. 368. ***Schlecht. adumbr. t.*** 23. ***Hooker et Grev. fil.*** 1. ***t.*** 16. Adiantum auriculatum ***Thunb. cap.*** 2. 736. Allosorus auriculatus ***Pr.***

Hab in Prom. b. sp. Perennans. T.

2. Ch. ***marginata*** fr. subtripinnata, ambitu ovato, pinnulis lanceolatis acutiusculis basi attenuatis, indusio subciliato sublacero, sub soris vix continuato.

D. Fr. 3 — 6 poll., pinnulae 4 lin. ad poll. lgae., extimae longissimae parum ultra lin. latae.

Ch. marginata ***H. Kunth n. gen. et sp.*** 1. 22. ***VII. t.*** 669. ***H. b.*** 2. 39. Allosorus ciliatus ***Presl rel. Haenk.*** 1. 59. ***Kze. Linnaea*** 9. 56.

Hab. in Peruvia. Perenne. C.

3. Ch. ***rufescens*** fr. tripinnata ambitu ovato, pinnulis lanceolatis obtusis, basi attenuatis, indusio ciliato subtomentosulo, sub soris in rhachin continuato.

D. Fr. vix ped., pinnulae 2 — 4 lin. lgae., extimae longissimae vix lin. latae, in rhachi decurrentes, petiolus cum rhachi badio-rufescens, squamulis setaceis sparsis.

Ch. rufescens *H. b.* 2. 39.

Hab. . . . . Perennans. C.

4. Ch. *cuneata* fr. subtripinnata, ambitu lanceolato, pinnulis oblongo-lanceolatis acutiusculis serrulatis basi attenuatis, indusio subcrenato non ciliato.

D. Fr. ped. alta, pinnulae 2—6 lin. lgae., extimae longissimae 2 lin. latae.

Ch. cuneata *H. b.* 2. 40.

Hab. . . . . Perennis. C.

5. Ch. *hirsuta* fr. tripinnata ambitu oblongo, pinnulis lanceolatis obtusis crenulatis basi attenuatis, indusio in tomentum tenue laxum, totam paginam inferiorem tegens, abeunte.

D. Fr. ped. et ultra longa, pinnulae 2—6 lin. lgae., extimae longissimae parum ultra lin. latae.

Ch. hirsuta *H. b.* 2. 41.

Hab. . . . . Perenne. C.

Sp. 2—5 eadem gaudent habitu pteroideo, sc. Pteridis leptophyllae.

Ch. crenulata *H. b.* 2. 42. vix ab Ch. hirsuta diversa. Ch. crenatam quoque colimus an *Ch. crenata Kze.? Linnaea IX.* 84. Planta infans, frondibus e cormo parum ultra poll. longis bipinnatifidis, pinnulis oblongis acutis crenatis et incisis in rhachin alatam decurrentibus, stipite badio. Fructus nondum protulit. Habitus sequentis.

6. Ch. *microphylla* fr. bipinnata, ambitu lanceolato, pinnulis oblongis obtusis basi pinnatifidis, rhachi supra squamuloso-setosa.

D. Fr. 6—8 poll., pinnae breves poll., dissitae, pinnulae 3—4 lin. lgae., lin. latae, rhachis badia splendens, indusium obsoletum.

Ch. microphylla *Sw. W. sp.* 5. 458. *H. b.* 2. 37. *Linnaea* 5. 616. Adiantum microphyllum *Sw. ind. occ.* 3. 1713. Lonchitis minima ramosa *Plum. fil.* 44. *t.* 58?

Hab. in sylvis montium Indiae occidentalis, nec non Mexico (Schiede). Perennans. C.

7. Ch. *micromera* fr. bipinnata, ambitu lanceolato, pinnulis oblongis obtusis, inferioribus superne auricula sejuncta, infimis basi pinnatifidis, rhachi undique dense squamuloso-setosa.

D. Fr. 6—8 poll., pinnae poll., minus dissitae, pinnulae 2 lin. lgae., lin. dim. latae, rhachis badia; indusium obsoletum.

Ch. micromera ***H. b.* 2. 36.**

Hab. in Mexico, unde misit cl. Schiede. Perennans. C.

8. Ch. *tenuifolia* fr. tripinnatifida, ambitu lanceolato, pinnis remotis brevibus, sursum subito decrescentibus, pinnulis basi pinnatifidis, pinnellis oblongis obtusis, rhachi glabra.

D. Fr. ped. e. u., pinnae poll. lgae., pinnulae 2—3 lin. lgae., lin. dim. latae, rhachis badia splendens, indusium obsoletum.

Ch. tenuifolia ***Sw. syn.* 129 *et* 132. *W. sp.* 5. 460. *Kaulf. en.* 214. *Schkuhr Kr.* 117. *t.* 125?** Acrostichum tenue ***Retz. obs.* 6. 39.** Adiantum cicutaefolium ***Enc. bot.* 1. 44.** Pteris nigra ***ibd.* 5. 218. *suppl.* 4. 599.**

Hab. in India orientali (Klein Hb. W.), Australia (Sieber), China, Philippinis. Perennans. C.

Est et aliud specimen in Hb. Willd. valde diversum frondis ambitu triangulari. Colimus quoque nomine cl. Sieberi.

9. Ch. *profusa* fr. subtripinnata, pinnis remotis brevibus sursum sensim decrescentibus lyratis, pinnulis oblongis et subrotundis crenatis incisisque, rhachi costisque squamuloso-pilosis.

D. Fr. ultra ped. lga., pinnae vix poll. lgae., pinnulae 2—3 lin. lgae., 1—2 lin. latae, stipes badius.

Ch. profusa ***Kunze Linnaea* 10. 55. *Farrnkr.* 23. *t.* 17.**

Hab. in Prom. b. sp. Perennans. C.

10. Ch. *ferruginea* fr. bipinnatifida ambitu lanceolato, pinnis breviter petiolatis lyrato-pinnatifidis, supra hirtis, subtus lanato-tomentosis.

D. Fr. ad ped. longa, pinnae vix pollicares, pinnae subtriangulares, indusium angustissimum, tomentum lutescens.

Ch. ferruginea *W. Hb. kr.* 20113 *(Humboldt) Spreng. pugill.* 2. 94. *E. a.* 2. 464. *Kaulf. en.* 209.

Hab. in Peru (Hb. Vahl. sec. Klf.), Mexico (Schiede) Perennans. C.

Habitus omnino Notochlaenae.

Sectio II. Margo singulae crenae reflexus.

11. Ch. *odora* fr. tripinnatifida, pinnulis crenato-pinnatifidis, crenis rotundatis, indusio latiusculo ciliato-lacero.

D. Fr. 3—4 poll., laciniae ultimae vix lin. diametro, petiol. c. rhachi squamulose setaceus.

Ch. odora *Sw. syn.* 127 *et* 327. *W. sp.* 5. 457. *W. E.* 1075. *E. a.* 2. 463. *H. b.* 2. 41. *Schkuhr Kr.* 1157. 123. Pteris acrostich. *Balbis addit. ad fl. pedem* 98 *misc. bot.* 46.

Hab. in Helvetia calidiore ad rupes, Italia, Graecia. Perenne. T.

12. Ch. *hirta* fr. tripinnatifida, pinnulis pinnatifidis, supra et margine hirsutis, indusio obsoleto.

D. Fr. 1—2 ped., pinnae 1—2 poll. lgae., crenae parvae, vix lin. diametro.

Ch. hirta *Sw. syn.* 120. *et* 329. *W. sp.* 5. 458. *H. b.* 2. 42. Adiantum Caffrorum *Sw. Schrad. Journ.* 1802. 2. 85.

Hab. in Prom. b. sp. Perennans. T.

13. Ch. *tomentosa* fr. tripinnatifida, pinnis supra tenue subtus dense tomentosis, crenis minutis, stipite et rhachi pilosis.

D. Fr. 6—8 poll. longa, pinnae vix poll. lgae., petiolus cum rhachi pilis longis squamiformibus albis.

Ch. tomentosa ***H. b.*** **2. 42.**

Hab. in Mexico. Perennans. C.

Affinis Ch. vestitae, at differt primo intuitu rhachi dense et albo-pilosa, quae in Ch. vestita pilis laxe positis ferrugineis obsita.

14. Ch. ***lentigera*** fr. tripinnata, pinnulis pinnatifidis, crenis bullatim reflexis, stipite rhacbique pilosis et squamulosis.

D. Fr. vix ped., pinnae poll. lgae. et ultra, crenae minutae subrotundae, basi angustissima, pili septati aliique squamiformes albi immixti, tum squamae latiores ferrugineae.

Ch. lentigera ***Sw. syn.*** **128** ***et*** 328. ***W. sp.*** 5. **460.** ***H. b.*** **2. 42.** Pteris lentigera ***Cavan. prael.*** **1801** ***n.*** **664.**

Hab. in Mexico et Quito. Perennans. C.

15. Ch. ***viscosa*** fronde ternato-tripinnata, pinnulis crenato-pinnatifidis, glabriusculis, stipite rhachique badiis, pilis viscosis.

D. Fr. stipite ped., lamina 5 poll. et u., ambitu triangulari, pinnae primi ordinis 2 poll., secundi ordinis poll., tertii ordinis 3—4 lin. lgae., pili septati apice visciferae.

Ch. viscosa ***H. b.*** **2. 43.**

Hab. in Mexico. Perennans. C.

Hinc inde albo maculata apparet, ob epidermidem secedentem.

16. Ch. ***leucopoda*** fr. ternato- quadripinnata, pinnulis ultimis crenato-pinnatifidis, supra infraque pilis sparsis, stipite rhachique albentibus, pilis viscosis.

D. Fr. stipite vix 4 poll. lga., lamina 2—3 poll. ambitu triangulari, pinnae primi ordinis poll. et dim., secundi poll., tertii 4 lin., quarti lin., pilis in stipite rhachique albis longis patulis.

Hab. in Mexico. Perennans. C.

VII. HYPOLEPIS.

Frons bi- pluriesve pinnatisecta. ***Sori*** subrotundi discreti marginales ad sinus pinnellarum, ***indusio*** marginali subtus accreti.

Dicksoniae et Adecto utique affine genus.

1. H. ***repens*** fr. quadripinnatifida, pinnellis ovalibus, obtusissimis, denticulatis, stipite aculeato, rhachi muriculata et pilosa, soris ad basin pinnulae.

D. Fr. alta, petiolo flavescente, pinnellae 2 lin. lgae., lin. latae.

Hypolepis repens ***Presl.*** Cheilanthes aculeata ***Kaulf. bot. Zeit.*** 1823. 367. Cheilanthes repens ***Kaulf. en.*** 215. Dicksonia aculeata ***Spreng. n. Entdeck.*** 5. 7. ***H. b.*** 2. 11. Lonchitis repens ***Linn. W. sp.*** 5. 464. ***Raddi bras.*** 61.

Hab. in insulis Caribaeis et Antillis. Perennans. C.

2. H. ***spectabilis*** fr. tripinnata, pinnulis deltoideo-oblongis crenatis in rhachi decurrentibus, stipite inermi, soris secundum marginem distributis.

D. Fr. 2—3 ped. alta, pinnulae inferiores 4 lin. lgae., lin. et dim. latae.

H. coniifolia ***Presl.*** Cheilanthes spectabilis ***Kaulf. en.*** 214. ***H. b.*** 2. 38. Ch, brasiliensis ***Raddi bras.*** 60. ***t.*** 75.

Hab. in Brasilia. Perennans. C.

VIII. ADIANTUM.

Frons simplex, pinnata, bi- pluriesve pinnatisecta. ***Sori*** subrotundi, oblongi aut lineares, marginales et margini paralleli, crenis frondis replicatis innati. ***Indusium*** cum crena connatum.

Stipes rhachisque in omnibus fere badii.

Sect. I. Frons simplex.

1. A. ***reniforme*** fronde reniformi orbiculari, soris oblongis.

D. Fr. stipite 3—5 poll., lamina poll. longa, poll. et dim. lata, stipes badius.

A. reniforme *Linn.* *W.* *sp.* 427. *E.* *a.* 2. 464. *H.* *b.* 2. 12. *Schkuhr Kr.* 107. *t.* 115. A. asarifolium *W.* *sp.* 5. 427.

Hab. in rupibus insularum Teneriffae, Madeirae, Mauritii, Borboniae. Perennans. T.

Sect. II. Frons partita et ramosa, ramis uni- pluriesve pinnatis, pinnulis dimidiatis.

2. A. ***pedatum*** fr. pedate ramosa, pinnulis petiolatis, dimidiate oblongis obtusis, crenis sterilibus crenulatis, stipite rhachique glaberrimis.

D. Fr. ped. et ultra, rami ad 5 poll. lgi., pinnulae 6 lin. lgae., 2 et dim. lin. latae, stipes badius laevissimus, sori lineares breves.

A. pedatum *Linn.* *W.* *sp.* 5. 438. *W.* *E.* 1075. *E.* *a.* 2. 463. *H.* *b.* 2. 12. *Schkuhr Kr.* 107. *t.* 103.

Hab. in America septentrionali a Canada ad Virginiam in sylvis umbrosis (Pursh). Perennans. C.

3. A. ***curvatum*** fr. pedate ramosa, pinnulis petiolatis, dimidiate oblongis obtusis crenatis, stipite scabriusculo, rhachibus pubescentibus.

D. Fr. ped. e. ultra, rami 7 poll. longi, pinnulae poll. lgae., 3—4 lin. latae, petiolus badius, sori lineares breves.

A. curvatum *Kaulf.* *en.* 202. *H.* *b.* 2. 13.

Hab. in Brasilia. Perennans. C.

4. A. ***fovearum*** fr. tripartita et ramosa, pinnis apice breviter caudatis, pinnulis petiolatis dimidiate suboblongis, basi superne angulo rotundatis serrulatis, stipite rhachique squamulose pubescentibus.

D. Fr. ped. et u. pinnulae 8 lin. ad poll. lgae., 4 lin. latae, stipes badius, sori semirotundi et lineares.

A. fovearum *Raddi bras.* 53. *t.* 77. A. brasiliense *H. b.* 2. 13.

Hab. prope Rio de Janeiro in Brasilia ad fossas udas (Raddi) — Perennans. C.

Preslius nostrum ad A. intermedium Sw. A. triangulatum Klf. et A. fovearum Raddi refert. A. intermedium Sw. mihi non notum est. A. fovearum Raddi convenit, sed pinnulae in nostris magis obtusae, et hoc quoque charactere ab A. triangulato Klf. differt alias simillimo. Forma pinnularum cum A. brasiliensi Raddi valde convenit, sed hujus frons bipinnata. Nostrum esse A. brasiliense non satis evolutum olim putavi, Cum vero pinnularum forma valde variabilis sit, nolui ob pinnulas obtusiores sejungere.

5. A. ***rigidum*** fr. tripartita et ramosa, pinnis apice caudatis, pinnulis dimidiate oblongis basi superne angulo acutiusculo, duplicate serrulatis, stipite rhachique squamulose pilosis.

D. Fr. ped. et ultra, pinnulae 8 lin. ad poll. lgae., 4 lin. latae, sori oblongi tandem subcontinui.

A. rigidum *Presl.* A. fructuosum *Spreng. syst.* 4. 113. *H. b.* 2. 14. A. pulverulentum *Raddi br.* 53. *exclus. syn.*

Hab. in Chili. Perennans. C.

E seminibus enatum, quae misit cl. Poeppig. A fructuosi nomen variis filicibus impositum est, sed servandum speciei, quam Kunzius *d. Farrnkräut.* 28. *t.* 15. optime descripsit et depinxit. Hinc nomen Preslii retinui. A. pulverulentum Willd. differt soris jam ab initio contiguis, sed brevioribus, demum elongatis.

6. A. ***pubescens*** fr. pedate ramosa, pinnulis petiolatis dimidiatis ovalibus et oblongis obtusis crenulatis, rhachi costisque albo-pubescentibus, stipite scaberrimo.

D. Fr. ped., pinnulae 4—6 lin. lgae., 2—3 latae, sori subrotundi et reniformes.

A. pubescens *Schkuhr Krypt.* 108. *t.* 116. *W. sp.* 5. 439.

Hab. *in* Societatis insulis. Perennans. C.

Icon Schkuhriana convenit, at Willdenowius in Herbario non habet, sed e Schkuhrio repetit; hinc A plicatum *Kaulf.* huc non referrem, qui Schkuhrii iconem cum ? citat, et de A. pubescente *Willd.* quaedam affert, quae scire non potuit.

7. A ***formosum*** fr. tripinnata, pinnulis petiolatis, dimidiate ovalibus et oblongis obtusis inciso-crenatis crenis incisulis, rhachi ferrugineo-pubescente, stipite basi scaberrimo.

D. Fr. 1—2 ped., pinnae 4—6 lin. lgae., 2—3 latae, sori reniformes.

A. formosum ***R. Br. pr.*** 165 (11). ***H. b.*** 2. 16, ***ubi syn. Brownii lapsu calami hispidulum dictum est.***

Hab. in Australia. Perennans. T.

Sect. III. Frons bi- pluriesve pinnata, pinnulis trapezoideis aut cuneiformibus.

9. A. ***trapeziforme*** fr. bipinnata, pinnulis longe petiolatis trapezoideis, lateribus baseos integerrimis, apicis duplicate crenatis, stipite rhachibusque glaberrimis.

D. Fr. 1—2 ped., pinnulae 2—3 poll. lgae., poll. et dim. latae, sori subrotundi et oblongi.

A. trapeziforme ***Linn. Sw. W. sp.*** 5. 417. ***H. b.*** 2. 15. A. rhomboideum ***Schkuhr Kr.*** 114. ***t.*** 122.

Hab. in Jamaica et Hispaniola. Perennans. C.

10. A. ***Capillus*** fr. bipinnata, pinnulis cuneiformibus, subtrapezoideis antice inciso-crenatis, crenis sterilium serrulato-denticulatis, soris oblongis, rhizomate lateraliter extenso.

D. Fr. ped., pinnulae variae magnitudinis saepe 8 lin. lgae. et obliqua directione quoque latae.

A. Capillus Veneris ***Linn. W. sp.*** 5. 449. ***W. E.*** 1075. ***E. a.*** 2. 463. ***H. b.*** 2. 16. ***Engl. Bot. t.*** 329.

Hab. in Europa australi ad gr. 45° — 46° l. b. usque, nec non in Africa boreali, Canariis. Perenne. C.

11. A. ***Moritzianum*** fr. bipinnata, pinnulis cuneiformibus subtrapezoideis antice crenatis, crenis sterilium serrulato-denticulatis, soris oblongis, rhizomate descendente.

D. Fr. 2 ped., pinnulae variae magnitudinis, saepe 8 lin. lgae. et obliqua directione quoque latae.

Hab. in provincia Caracas, unde cl. Moritz attulit. Perennans. C.

Valde affine praecedenti, et nisi radicationem spectes, vix distinguendum; majus tamen et stipitibus crassioribus. Rhizoma in Capillo Veneris horizontaliter extensum hinc inde frondes promit, in Moritziano vero frondes confertim oriuntur cormum fere formantes, rhizoma recta descendit.

12. A. ***trigonum*** fr. tripinnata, pinnulis subrotundo-cuneiformibus, subtrapezoideis, antice subtrifidis et serrato-denticulatis, soris reniformibus.

D. Fr. ped. et ultra, pinnulae 4—6 lin. lgae. et latae, rami rhacheos teneri. Cormus stoloniferus.

A. trigonum ***Billard nov. Holl.*** 2. 99. ***t.*** 248. ***f.*** 2. ***W. sp.*** 2. 453. A. aethiopicum ***H. b.*** 2. 17. A. tenerum ***E. a.*** 2. 463.

Hab. in insula van Diemen. Perennans. C.

Vulgatissima filix, in omnibus fere caldariis reperiunda difficillima determinatu. In ***H. b. l. c.*** jam monui: A. trigonum ab A. aethiopico non differre, et nunc in eadem opinione persisto. Cum vero in Hb. gen. multa habeamus Ad. aethiopici specimina in Prom. b. sp. lecta (de spec. Willdenowiano non constat) quorum pinnulae minus partitae sunt, nomen A. trigoni adoptavi. Valde quoque affine A. exciso in Kunzii ***anal. Pterid.*** 33. ***t.*** 21. descripto et depicto, ut idem putarem, nisi nostrum elatius et ramosius esset.

13. A. ***tenerum*** fr. quadripinnata, pinnulis trapezoideis cuneiformibus obtusissimis antice crenatis et incisis, soris oblongis.

D. Fr. 1—2 ped., pinnulae 6 lin. lgae., 4—5 lin. latae. Cormus stoloniferus.

A. tenerum *Sw. syn.* 125. *Fl. occid.* 3. 1719. *W. sp.* 5. 450. A. assimile *H. b.* 2. 17.

Hab. in Jamaicae umbrosis cavernis. Perennans. C.

Valde affine praecedenti sed majus, et sori non reniformes, frondes juniores magis rubentes.

Icon A. assimilis in Swartzii syn. repugnat, et Willdenowius A. assimile in Hb. non habet, sed alterum specimen A. teneri in ejus Hbrio sat convenit. Nec differt A. tenerum a cl. Schiedeo in Mexico lectum. Sed omnes hae species nimis affines.

13. A. *cuneatum* fr. quadripinnata, pinnulis cuneatis, antice bi- trifidis incisis, soris reniformi-orbiculatis.

D. Fr. ped., pinnulae 6 lin. lgae. et antice latae. Cormus parum stoloniferus.

A. cuneatum *Langsd. et Fisch. fil.* 23. *t.* 26. *W. sp.* 5. 450. *Kaulf. en.* 206. *Raddi bras.* 50. *t.* 78. *f.* 2. *H. b.* 2. 15.

Hab. in insula Catharinae et in montibus Estrella Brasiliae. Perennans. C.

Icon Raddiana melius cum nostro convenit quam Langsdorfiana At specimen in Hb. Willd. a Langsdorfio missum bene convenit.

14. A. *concinnum* fr. quadripinnata, pinnulis subrotundo-rhombeis antice incisis et crenulatis, infimis rhachi applicatis, soris reniformibus.

D. Fr. 1—2 ped, alta, pinnulae 5—6 lin. lgae., 4—5 lin. latae. Cormus non stoloniferus.

A. concinnum *Humb. et Kunth nov. gen. et sp.* 1. 20. *W. sp.* 5. 51. *H. b.* 2. 18.

Hab. prope Cumancoa Americae meridionalis. Perennans. C.

Elegantissima filix, pinnulis creberrimis situ vario delectantibus.

15. A. *glanduliferum* fr. tripinnata, pinnulis subrotundo-rhombeis, antice denticulatis et crenatis subtus pubescentibus, soris reniformibus.

D. Fr. ped., pinnulae 5 lin. longae, 6 lin. latae, variae formae, subtus pilis sparsis adpressis. Cormus stoloniferus.

A. glanduliferum *H. b.* 2. 18.

Hab. in fruticetis umbrosis prope Valparaiso (e Coll. Poeppig). E semin. in horto enatum. Perennans. C.

16. A. ***sulfureum*** fr. tripinnata, pinnulis cuneato-subrotundis crenatis, subtus sulfureo pulverulentis, soris flexis, demum contiguis.

D. Fr. 6 poll., pinnulae 3—4 lin. lgae., 4—5 lin. latae, subtus pulvere flavo valde conspicuae.

A. sulfureum ***Kaulf. en. no.*** 7. ***H. b.*** 2. 19.

Hab. in Chil. austr. fissuris rupium ad Antuco (Coll. Poeppig.). E. sem. enat. Perennans. C.

SUBORDO 7.

ASPLENIACEAE.

Sori non marginales et rarius submarginales, lineares aut oblongi. ***Indusium*** laterale. ***Sporangia*** gyromate verticali incompleto.

Genera huc referenda.

Stegania R. Br.

Hymenopteris Kaulf.

Lomaria Dev. solum genus, quod habet soros marginales aut potius submarginales.

Blechnum Linn.

Onychium Kaulf.

Actiniopteris.

Acropteris.

Woodwardia Smith.

Doodya R. Brown.
Camptosorus.
Diplazium Sw. Anisogonum Pr. Digrammaria Pr. Oxygonium Pr.
Scolopendrium Sw. Antigramma Pr.
Asplenium Linn. Plenarium Pr.
Hemidictyum. Pr.

I. STEGANIA.

Frondes simplices difformes, fructiferae lineares. ***Sori*** lineares continui, nervo paralleli, totam paginam inferiorem frondis occupantes. ***Indusium*** margini frondis utrinque adnatum.

Stegania Rob. Brown eadem est, quae Lomaria Desvauxii. Cum vero filix haecce a reliquis Lomariis fronde simplici et indusio vere marginali differat, ut apte separari possit, huic nomen Steganiae tribui, reliquas vero Lomarias dixerim.

1. St. ***Patersoni*** fronde sterili, lanceolata crenata rigida, fertili filiformi.

D. Stipes poll. lgus., frons sterilis fere ped., medio 6—7 lin. lata, fr. fertilis 1—2 poll. lga., vix 2 lin. lata.

St. Patersoni ***R. Brown pr.*** 152 (8).

Hab. in Australia. Perennans. T.

Frons rigida, lamina basi quidem attenuata, sed subito cessans, margine cartilagineo, crenis in pagina inferiore verrucula fusca sat magna insignitis, nervis lateralibus simplicibus, aut interdum furcatis, nervis in verruculam transeuntibus.

II. LOMARIA.

Frondes pinnatifidae difformes, fructiferae pinnis angustioribus. ***Sori*** lineares continui submarginales. ***Indusia*** latere exteriore adnata, submarginalia et marginalia opposítim versa.

Indusium in veris Lomariis e pagina pinnarum inferiore oritur, uti ad basin pinnae conspicitur, ubi a pagina superiore solvitur. In decursu vero margo istius paginae superioris saepissime indusio innatus est, unde marginale videtur.

Frondes in omnibus decrescentes.

1. L. ***Spicant*** fronde sterili pinnatifida, pinnellis decussatim alternantibus lanceatis falcatis mucronulatis integerrimis, fronde fertili pinnata, pinnis linearibus mucronatis, ad rhachin utrinque decurrentibus.

D. Fr. ped., pinnellae ster. 8 lin. lgae., 2 latae, pinnae fr. poll. lgae., lin. latae.

L. Spicant ***Desv. Magaz. naturf. Fr. zu Berlin*** 5. 325. L. borealis ***H. b.*** 2. 80. Blechnum boreale ***Smith. Sw. W. sp.*** 5. 408. ***W. E.*** 1074. ***E. a.*** 2. 462. ***Schkuhr Kr.*** 102. ***t.*** 110. Blechnum Spicant ***Roth germ.*** 3. 44. Osmunda spicant ***Linn. sp.*** 1522.

Hab. praesertim in Europae occidentalis montibus, Hibernia ubique, Scotia, Anglia, Gallia montosa, Lusitania boreali et prope Cintra, Suecia et Germania occidentali, in orientali rarior. Perenne. D.

2. L. ***australis*** fronde sterili pinnata, pinnis lanceolatis margine scabris mucronatis sessilibus, inferioribus basi liberis, superioribus inferne adnatis, fr. fertili pinnata, pinnis angustissimis basi auriculatis.

D. Fr. ped. et ultra lga., pinnae poll. lgae., 3 lin. latae, rhachis squamulose pilosa.

L. pumila ***Klf. en.*** 151. ***Kze. Linnaea*** 10. 508. L. minor ***H. b.*** 2. 80. ***excl. syn. Brownii?*** Blechnum australe ***Linn. Mant.*** 130. ***W. sp.*** 5. 410. ***Schlechtend. adumbr.*** 38. ***Thunb. cap.*** 734. Blechnum rigidum ***W. sp.*** 5. 400. ***sec. Hbr.*** Bl. auriculatum ***W. sp.*** 5. 412. ***sec. Hbr.*** Bl. trilobum ***Presl. rel. Haenk.*** 1. 50. ***t.*** 9. ***f.*** 2.

Hab. in Prom. b. sp. Perennans. C.

Nomen L. pumilae a specimine imperfecto desumtum minus quadrat quam L. australis.

Revera Lomaria est, nec Blechnum; sori enim totam pinnae paginam inferiorem occupant excepta basi auriculata. In *H. b. l. c.* lapsu calami pinnae „steriles" loco „fertiles" positae sunt. Lomaria minor Sprengelii est, nam nostrae plantae nomen a Sprengelio tributum fuit. An vero Stegania minor Brownii? Affirmare non ausim, quamquam characteres, quos Auctor adfert ad amussin in nostram quadrent.

3. L. ***punctulata*** fr. sterili pinnata, pinnis subauriculate lanceolatis integerrimis obtusiusculis sessilibus, inferioribus basi liberis, superioribus inferne praesertim adnatis, margine glandulose punctulato, fr. fertili pinnata, pinnis angustissimis.

D. Fr. ped. et ultra lga., pinnae poll. lgae., 2—3 lin. latae, rhachis squamulose pilosa, pilis longis praesertim inferne ad pinnas.

L. punctulata ***Kze.*** ***Linnaea*** 10. 507. L. densa ***Kaulf. en.*** 151. ***H. b.*** 2. 81. Blechnum punctulatum ***Sw. syn.*** 114 et 313. ***W. sp.*** 5. 409. ***Schlechtend. adumbr.*** 37. ***t.*** 21. 22. ***f.*** 1. ***Kaulf. Linnaea*** 6. 184.

Hab. in Prom. b. sp. Perennans. T.

4. L. ***Gilliesi*** fr. sterili pinnata, pinnis subcordate lanceolatis cartilagineo-serrulatis acutis sessilibus, basi liberis, fronde fertili pinnata, pinnis angustis medio fructigeris.

D. Fr. 2—3 ped. alta, pinnae remotiusculae 3 poll. lgae., 5—6 lin. latae.

L. Gilliesi ***Hook. et Grev. fil.*** 2. ***t.*** 207.

Hab. in Chili, prope Mendoza. Perennans. C.

5. L. *attenuata* fronde sterili subpinnata, pinnis lanceatis longe acutatis basi superne et inferne decurrentibus, fronde fertili pinnata, pinnis angustissimis apice revolutis.

D. Fr. ped. et ultra, pinnae steriles ad 4 poll. lgae., 5 lin. latae, pinnae fertiles 2—3 poll. lgae., lin. latae.

L. attenuata ***W. sp.*** 5. 82. ***H. b.*** 2. 81. Onoclea attenuata ***Sw. syn.*** 112 ***et*** 308.

Hab. in insula Mauritii. Perennans. C.

II. BLECHNUM.

Frondes simplices, pinnatifidae et pinnatae. ***Sori*** lineares continui costae paralleli eique plerumque approximati. ***Indusia*** latere exteriore pinnae versus marginem adnata.

Blechna stricte sic dicta habent soros costae approximatos. Quae soros ostendunt a costa remotos, intermedia sunt inter Blechna et Lomarias, et a quibusdam ad Lomarias relata. Equidem cum Blechnis relinquerem, cum facilius a Lomaria distinguantur, quam a Blechno genuino. Secundum Naturam genus in tres sectiones dividendum esset, soris marginalibus, mediis et costae approximatis.

Sectio I. Sori costae approximati.

1. Bl. ***Lanceola*** fr. simplici longe acutata basi attenuata margine scabra, saepe una alterave pinna subrotunda auriculata.

D. Fr. 8—10 poll. lgae., stipite 3 poll., lamina 4—5 poll. longa, 3 lin. lata.

Bl. Lanceola ***Sw. Sv. Acad. Hdlgar.*** 1817. Bl. lanceolatum ***Raddi bras.*** 52. ***t.*** 60. ***f.*** 3.

Hab. in Brasilia, sylvis Corcovado. Perennans. C.

2. Bl. ***intermedium*** fr. pinnata 2—3 juga, pinna terminali longe lanceolata acutata, inferioribus oblongis obtusis, saepe abbreviatis.

D. Fr. 6 poll., pinnae terminales ad 2 poll., 5 lin. latae, inferiores 2—4, breviores variae magnitudinis et formae saepe obtusae et rotundae.

Bl. intermedium ***H. b.*** 2. 71. Bl. trifoliatum ***Kaulf. en.*** 157.

Hab. in Brasilia. Perennans. C.

3. Bl. *gracile* fr. pinnata 4—6 juga, pinna terminali longissima lineari-lanceolata acuta margine scabra, reliquis variae magnitudinis formaeque.

D. Fr. ped. pinna terminalis 3 poll. longa, 4—5 lin. lata, sub hac saepissime pinnae semirotundae 2 lin., tum longiores obtusae et acutatae.

Bl. gracile *Kaulf. en.* 6. 158. *H. b.* 2. 76.

4. Bl. *triangulare* fronde pinnatifida, pinnellis lanceatis obtusis mucronulatis, margine scabriusculis, infimis rotundatis jugis 2--3 distinctis.

D. Fr. semiped., pinnellae mediae 8 lin. lgae., 4 lin. basi latae, etiam 2 poll. lgae., 5 lin. latae, stipes basi tantum squamosus. Pinnellae summae longe confluunt.

Hab. in Regno Mexicano. Perennans. C.

5. Bl. *glandulosum* fronde pinnatifida basi pinnata, pinnis basi superne auriculatis, pinnellis lanceatis acutis margine scabris, rhachi praesertim squamulose pilosa.

D. Fr. vix ped., pinnae 15 lin. lgae., 4 lin. latae; pagina inferior pinnarum punctata. Pinnae inferiores magis minusve decrescunt, summae longe confluunt.

Bl. glandulosum *E. a.* 2. 462. *H. b.* 2. 76. *Kaulf. en.* 161. Bl. polypodioides *Raddi br.* 53 *t.* 60. *f.* 2.

Hab. in Brasilia. Perennans. C.

6. Bl. *occidentale* fronde pinnata, superne pinnatifida, pinnis superne basi auriculatis, pinnellis lanceatis acutis margine scabris, fructiferis longioribus angustioribus, stipite basi squamuloso.

D. Fr. vix ped., pinnae steriles 15 lin. lgae., 4 lin. latae, fructiferae 18 lin. lgae., 3 lin. latae.

Bl. occidentale *Linn. W. sp.* 5. 412. *W. E.* 1074. *E. a.* 2. 462. *H. b.* 2. 77. *Jacq. rar.* 3. *t.* 641. *Raddi bras.* 53.

Hab. in America calidiore. Habemus e Brasilia, e Martinica, e Cuba. Perennans. C.

6. Bl. ***brasiliense*** fronde subpinnata, pinnis lanceate linearibus basi lata decurrente adnatis, et hinc inde distinctis, acutis margine scabris.

D. Frons ad 2 ped. longa, pinnae 6 poll. lgae., 6 lin. latae, inferiores steriles lutescentes decrescentes. Cormus arborescens.

Bl. brasiliense ***Desv. Berl. Mag.*** 5. 330. ***Kaulf. en.*** 158. ***H. b.*** 2. 78.

Hab. in Brasilia. (Sellow). Perennans. C.

Bl. corcovadense ***Raddi bras.*** 54. ***t.*** 61 ***non h. l.***

8. Bl. ***calophyllum*** fronde pinnata, pinnis lineari-lanceolatis, basi attenuatis sessilibus acutis serrulatis.

D. Fr. 2 ped. lga., pinnae 4 poll. lgae., 3—4 lin. latae, terminalibus pinnulis 2—4 accessoriis rotundatis parvis.

Bl. calophyllum ***Langsd. et Fisch. pl. t.*** 23. Bl. stagninum ***Raddi bras.*** 52. ***t.*** 64. ***H. b.*** 2. 78. Bl. serrulatum ***Schkuhr Kr.*** 100. ***t.*** 108.

Hab. in Brasilia. Perennans. C.

Sect. II. Sori a costa parum remoti.

9. Bl. ***hastatum*** fr. pinnata apice pinnatifida, pinnis subsessilibus lanceatis basi utrinque oblique auriculatis acutis, margine subtus rhachique pubescentibus.

D. Fr. ped. et ultra lga., pinnae poll. et dim. lgae., 3 lin. latae, infimae distantes parum decrescentes. Sori juniores interdum interrupti.

Bl. hastatum ***Kaulf. en.*** 161. ***H. b.*** 2. 79.

Hab. in Chili (de Chamisso, Poeppig). Perennans. C.

Blechno et Lomariae proximum est genus: ***Actiniopteris. Frondes*** rhachiformes non foliaceae. ***Sori*** lineares continui terminales. ***Indusia*** latere exteriore adnata submarginalia. Singularis structura frondis suadet genus inde proprium constituere, ab omnibus aliis distinctissimum. Prima species est *A. radiata* s. Asplenium radiatum *W. sp.* 5. 308. frondibus superne radiato-dichotomis, ex India orientali, Insula Borboniae, Madagascar, Arabia felici; altera A. *australis*, Asplenium australe *W. sp.* 5. 308. frondibus a basi dichotomis ex Insula Mauritii, Borboniae. Ab his vero ob soros nunc sequens genus distinxerim.

III. ACROPTERIS.

Frondes rhachiformes non foliaceae. ***Sori*** lineares approximati terminales. ***Indusia*** lateralia submarginalia opposítim versa.

Ob frondis singularem constructionem, non ob substantiam coriaceam aut herbaceam ab Asplenio separavi. Sori in rhachi positi sunt, nec in expansione foliacea ut in reliquis filicibus, excl. genere praecedente.

1, A. ***septentrionalis*** frondibus apice dichotomis soriferis.

D. Cormus brevis, frondes copiosae 6 lin. lgae., tenues, apices soriferi 6—9 lin. lgi.

Acr. septentrionalis ***H. b.*** 2. 56. Asplenium septentrionale ***Sw. W. sp.*** 5. 307. ***W. E. S.*** 69. ***E. a.*** 2. 460. ***Schkuhr Kr.*** 62. ***t.*** 65. Acrostichum sept. ***Linn. sp.*** 1521.

Hab. ad rupes, muros in Europa boreali. Perenne. Indigen.

IV. WOODWARDIA.

Frondes pinnatifidae et bipinnatifidae. ***Sori*** oblongi in area reticuli nervorum costae paralleli eique approximati. ***Indusia*** latere exteriore adnata opposítim versa convexa firma, tandem reflexa.

Sect. I. Frondes steriles et pinnatifidae conformes.

1. W. ***radicans*** pinnellis lanceatis acutis serratis

soris utrinque ad costam serie simplici contiguis, rhachi apice gemmifera.

D. Fr. in patria ad 12 ped. lga, apud nos 3 ped.; pinnae longissimae juniores et superiores integrae, adultiores pinnatifidae, pinellae poll. et dim. longae, 4 lin. latae. Sori 2 lin. lgi.

W. radicans *Sw. W. sp.* 5. 478. *W. E. S.* 70. *E. a.* 2. 461. *H. b.* 2. 86. *Schkuhr Kr.* 104. *t.* 112. W. stans *Sw. syn.* 117. *Schkuhr Kr.* 104. *t.* 113. Blechnum radicans *Linn. mant.* 307.

Hab. in Lusitania, Sicilia, Madeira, Teneriffa. Perennans. T.

2. W. ***virginica*** pinnellis semioblongis obtusis, subtilissime crenulatis, soris utrinque ad costam serie simplici contiguis.

D. Fr. 1—2 ped. alta, pinnae 4—5 poll., pinnellae 5 lin. lgae., 2 lin. latae.

W. virginica *Sw. W. sp.* 5. 418. *W. E.* 1075. *E. a.* 2. 463. *H. b.* 2. 85. W. Banisteriana *Michx. am.* 2. 263. Blechnum virginicum *Linn. mant.* 307.

Hab. in paludosis et umbrosis sylvis, Virginia et Carolina (Pursh). Perenne. D.

Sect. II. Frondes steriles et fertiles difformes.

3. W. ***onocleoides*** fronde sterili pinnatifida, pinnellis lanceolatis repandis tenuissime serrulatis, fructifera pinnata, pinnis linearibus acutis integerrimis.

D. Fr. ped. et ultra longa, pinnellae steriles poll. et dimid. lgae., 4 lin. latae, pinnae fertiles poll. et dim. lgae., vix 3 lin. latae.

W. onocleoides *W. sp.* 5. 41. *H. b.* 2. 85. W. angustifolia *Linn. Sw. syn.* 116. W. floridana *Schkuhr Kr.* 103. *t.* 111 *non bene.* Onoclea nodulosa *Michx am.* 2. 272.

Hab. in Juniperetis et Taxodictis paludosis a New-Jersey ad Floridam (Pursh). Perenne. T

V. DOODYA.

Frons pinnatisecta. ***Sori*** ovales aut oblongi breves in nervis transversalibus. ***Indusia*** lateralia oppositim versa, tandem obsoleta.

Sect. I. Frondes steriles et fertiles conformes.

1. D. ***aspera*** fronde alternatim pinnatifida, pinnellis lanceolatis subfalcatis acutis, spinulose serrulatis, stipite rhachique muriculato.

D. Fr. ped. lga., pinnae mediae poll. et ultra lgae., 2—3 lin. latae, acutae superne decrescentes et confluentes, inferne decrescentes et latescentes.

D. aspera ***R. Brown pr.*** 7. (151.) ***Hooker exot. fl.*** 1. ***nr.*** 8. ***Loddig. bot. cab.*** 1. ***Sprengel's neue Entdeckungen*** 1. ***t.*** 3. ***f.*** 1. ***Klf. en.*** 164.

Hab. in Australia. Perennans. F.

Sectio II. Frondes steriles et fertiles difformes.

2. D. ***rupestris*** pinnis sterilibus lanceolatis obtusatis serratis, fertilibus linearibus serratis.

D. Frons 6—8 poll. lga., pinnae 3 lin. lgae., steriles 2—3 lin. latae, fertiles lin.

D. rupestris ***Sieb. Kaulf. fl. b.*** 2. 83.

Hab. in Australia. Perennans. C.

VI. CAMPTOSORUS.

Frons simplex. ***Sori*** oblongi aut lineares interdum flexi. ***Indusia*** lateralia varie versa.

Dispositione sororum, indusiis hinc inde emergentibus, ea parte qua soluti sunt versus varias regiones saepe quoque deorsum versis sat differt ab Asplenio, quocum junxerant Auctores, cujus indusia semper a nervo laterali oriuntur, et hinc eandem semper habent directionem. Cl. Preslius me characteres non intellexisse ait, at ipsum me non intellexisse puto. — Glandulae marginales, antheridia Bernhardii, manifestae.

1. C. ***rhizophyllus*** fr. fructifera lanceolata auriculate cordata subcrenata, acumine longissimo radicante, soris dispersis.

D. Fr. fertilis, lamina ad 4 poll. lga., basi 9 lin. lata, petiolo 3—4 poll., fr. junior sterilis aut ovata cordata vix poll. lga., aut lanceolata longior.

C. rhizophyllus ***H. b.*** 2. 69. Asplenium rhizophyllum ***Linn. Sw. W. sp.*** 5. 305. ***E. a.*** 2. 460.

Hab. in America septentrionali a Canada ad Carolinam, in rupibus umbrosis humidis (Pursh). Perenne. D.

2. C. ***rumicifolius*** fr. fructifera lanceolata integerrima, basi ovata vix auriculata, soris plerisque geminis, indusiis oppositis.

D. Fr. 6—8 poll. longa, poll. lata. Sori crassi secundum nervos laterales plerumque positi.

Hab. . . . . . . Perennans. C.

Valde affinis praecedenti, sed major et soris geminis distinctus.

Antigramma genus singulare, hujus loci videtur. Nervi laterales bifurci hinc inde anastomosi juncti. Hisce nervis incumbunt receptacula linearia valde prominentia, in quibus et inter quae sporangia hinc inde proveniunt, effusa certis limitibus non inscripta. Species est A. repanda Pr. seu Scolopendrium ambiguum ***Raddi bras.*** 40. ***t.*** 51. ***f.*** 1.

VII. DIPLAZIUM.

Frons simplex, bi- pluries pinnatisecta. ***Sori*** lineares saepe gemini, nervis lateralibus utrinque appositi. ***Indusia*** lateralia e nervis oriunda.

Sect. I. Frons simplex.

1. D. ***plantagineum*** fronde lanceolata acuminata, basi

6*

parum attenuata repando-serrata, nervis lateralibus dichotomis.

D. Fr. ped. et dim. lga., lamina 6—8 poll. lga., poll. et dim. et ultra lata, stipite subaequali.

D. plantagineum *Sw. syn.* 91. *t.* 2. *f.* 4. *Willd. sp.* 5. 351. *Schkuhr Kr.* 80. *t.* 85. D. acuminatum *Raddi br.* 41. *t.* 57. *f.* 2. *H. b.* 2. 70. Antigramma *Presl.*

Hab. in Brasiliae monte Corcovado. Perennans. C.

Sect. II. Frons bi- tripinnatisecta, pinnis saepe coadunato-pinnatis.

Pinnas coadunate pinnatas dico, si pinnulae aut pinnellae connatae sunt, quod e distributione nervorum patet.

2. D. *Shepherdi* fr. bipinnatifida, pinnis longe acutatis pinnatifidis, pinnellis lanceatis obtusiusculis, antice subserratis.

D. Frons 3—4 ped. c. ultra alta, pinnae 3—4 poll. longae, 6—9 lin lgae., 3—4 latae, ala connectente vix 2 lin. lata.

D. Shepherdi *H. b.* 2. 70. Asplenium ambiguum *Raddi bras.* 38. *t.* 54.

Hab. in Brasiliae sylvis, monte Corcovado. Perennans. C.

3. D. *coarctatum* fr. bipinnatifida, pinnis acuminatis, crenato-pinnatifidis, pinnellis lanceatis obtusiusculis, antice serrulatis.

D. Fr. 2 ped. alta, pinnae 2—4 poll. lgae., pinnellae 4—5 lin. lgae., 2—3 lin. latae, ala connectente 3 lin. lata.

D. coarctatum *H. b.* 2. 39.

Hab. in Brasilia? Perennans. C.

3. D. *dubium* fr. bipinnatifida, pinnis breviter acutatis coadunate pinnatis crenatis, basi pinnatifidis, interdum superne subauriculatis, crenis pinnellisque lanceatis antice subserratis, stipite rhachique pube crispula grisea.

D. Fr. 1—2 ped. alta, pinnae —4 poll. lgae., antice subito acutatae, et fere totae crenatae.

D. dubium ***H. b.*** 2. 76. D. ambiguum ***Raddi bras.*** **41. *t.*** 54.

Hab. in Brasiliae sylvis opacis prope Mandioca. Perennans. C.

Pinnarum parte anteriore a praecedente valde differt, quae in illo angusta crenata et fere pinnatifida, in hoc vero lata crenata. Dubium vocavi, ad ambiguitatem vitandam, cum Raddius et Asplenium et Diplazium ambiguum habeat. Pubescentiae et Raddius meminit.

4. D. ***pubescens*** fr. subbi- tripinnatifida, pinnis inferioribus petiolatis pinnatis, pinnulis petiolatis lanceatis acuminatis coadunate pinnatis crenatis, crenis serrulatis, stipite rhachi costisque pube crispa.

D. Fr. 2—3 ped. alta, pinnae 4—5 poll. lgae., pinnulae ad 2 poll. lgae., 4 lin. latae, inferiores minores.

D. pubescens ***H. b.*** 2. 72.

Hab. in India orientali. Perennans. C

Affine D. expanso Willd. Hb. sed pinnae minus incisae.

5. D. ***arborescens*** fr. tripinnatifida, pinnis longe acutatis, pinnellis lanceatis obtusiusculis, antice serratis.

D. Fr. alta, 3—4 ped. longa, pinnae 6 poll. et ultra lgae., pinnellae pleraeque 5—6 lin. lgae., 2—3 latae.

D. arborescens ***Sw. W. sp.*** 5. 354. ***H. b.*** 2. 72.

Hab. in insula Borboniae. Perennans. C.

Specimen in Hbrio. Willdenowii paullulum alienum, pinnellae truncatae.

6. D. ***obtusum*** fronde tripinnatifida, pinnis basi pinnatis, pinnulis et pinnellis lanceatis obtusissimis crenatis et crenato-pinnatifidis, rhachi praesertim costisque squamulosis.

D. Fr. 2—3 ped. alta, pinnae 3—4 poll. lgae., pinnulae et pinnellae 9 lin. lgae., 3 lin. latae.

D. obtusum *H. b.* 2. 73.

Hab. in Brasilia. Perennans. C.

VIII. SCOLOPENDRIUM.

Frons simplex. ***Sori*** lineares inter nervos duos. ***Indusium*** laterale utrinque appositum, et hinc indusia duo utrinque soro apposita, sibi opposita.

Nervi laterales dichotomi sunt, et sori inter ramos nervorum separatorum nec inter ramos ejusdem nervi proveniunt. Quilibet sorus e duobus confluentibus compositus est. Indusia lateralia e singulo nervo provenientia opposita sunt; hinc sorus e duobus compositus utrinque indusium laterale gerit soro appositum. Patet structura e genere sequente.

1. S. ***officinarum*** fr. late lanceolata, basi cordata, stipite squamuloso.

D. Fr. 1—2 ped. alta, stipes ad 7 poll. lgus., lamina ad 10—11 poll. lga., ad 2 poll. lata.

S. officinarum ***Sw. W. sp.*** 5. 348. ***W. E.*** 1073. ***E. a.*** 2. 461. ***H. b.*** 2. 69. ***Schkuhr Kr.*** 78. ***t.*** 83. Asplenium Scolopendrium ***Linn. sp.*** 1337.

Hab. in Europia media ad rupes. Perennans. D.

Var. 1. ***crispa,*** fronde crispa.

Var. 2. ***daedalea,*** fronde apice ampliata undulata.

Var. 3. ***multifida,*** fr. apice ampliata multifida.

Var. 4. ***ramosa,*** stipite ramoso, fr. divisa, apice undulata.

Hae varietates in Horto coluntur. Singularis varietas fr. pinnatifida, pinnellis lacinulatis in Hbrio. Gundelsheimeri servata est, quod Herb. Reg. generali additum est.

IX. ASPLENIUM.

Frondes simplices, simpliciter pluriesque pinnatisectae. ***Sori*** lineares, oblongi, ovales, e nervis lateralibus. ***Indusium laterale.***

Subgen. I. Asplenium genuinum soris linearibus tenuissimis, indusiis plerumque persistentibus.

Sectio I. Frondes simplices.

1. A. ***crenulatum*** fr. lanceolata stipitata acuta crenulata, nervis lateralibus plerisque bifidis excurrentibus.

D. Fr. 1—2 ped. lgae., 1—2 poll. latae.

A. crenulatum ***Presl. Pteridogr.*** 106. A. Nidus ***Raddi br.*** 34. ***t.*** 53. ***H. b.*** 2. 57. A. serratum ***H. b.*** 2. 57. ***Schkuhr Kr.*** 61. ***t.*** 64. ***Linn. Sw. W. sp.*** 5. 304?

Hab. in Brasilia. Perennans. C.

2. A. ***palmatum*** fr. cordata quinqueloba, lobis 3 acuminatis, 2 rotundatis, medio producto.

D. Fr. ped., stipes longus, lamina 4 poll. lga.

A. palmatum ***Sw. W. sp.*** 5. 306. ***Schkuhr Kr.*** 62. ***t.*** 66. ***Lam. enc.*** 2. 300. ***ill. gen. t.*** 867. ***f.*** 2. A. Hemionitis ***Brot. lus.*** 2. 398. Hemionitis lusitanica elegantior ***Tourn. inst. t.*** 322. ***f. B.***

Hab. in Lusitania, Hispania, Azoribus, Canariis, Barbaria. Perennans. T.

Sectio II. Frondes pinnatae, ambitu lanceolato.

3. A. ***oligophyllum*** pinnis lanceolatis acuminatis, in petiolum attenuatis decurrentibus, inaequaliter et obtuse serratis.

D. Fr. 1—2 ped., pinnae ad 5 poll. lgae., fere poll. latae. Nervi patentes.

A. oligophyllum ***Kaulf. enum.*** 266. ***H. b.*** 2. 58.

Hab. in Brasilia, unde attulit de Chamisso. Perennans. C.

4. A. ***Serra*** pinnis lanceolatis acuminatis, in petiolum attenuatis et argute serratis, soris costae approximatis.

D. Fr. 1—2 ped., pinnae 5 poll. lgae., 8 lin. latae. Nervi arrecti basi soriferi, unde costae approximati.

A. Serra *Langsd. et Fischer fil.* 17. *t.* 19. *W. sp.* 5. 312.

Hab. in insula Catharinae, Brasiliae. Perennans. C.

In Hbrio. Willd. specimen est a Langsdorfio missum pinnis serrulatis; in icone Langsdorfiana vero magis serratae sunt, et filix Serra vocata; hinc nostrum pinnis argute serratis non distinxerim et cum Preslio A Poeppigii vocaverim. Specimen in Hb. Willdenowii varietatis videtur.

5. A. *obtusifolium* pinnis ovalibus et oblongis obtusiusculis, basi superne auriculatis repando-dentatis crenatisve et subexcisis, rhachi alata.

D. Fr. ped., pinnae poll. et ultra longae, 6 lin. latae, variis modis in eadem fronde excisis. Nervi patentes.

A. obtusifolium *Linn. Sw. W. sp.* 5. 315. *Hooker et Grev.* 2. *t.* 239. A. laetum *Sieb. coll.* Lonchitis aquatica membrana tenui contexta *Plum. fil.* 51. *t.* 67.

Hab. in India occidentali: ins. Martinica, Cuba, Dominica. Perennans. C.

Ab his differunt, et ad Sectionem propriam referri possunt Asplenia indusiis infimis superioribus (superioris lateris) aversis seu reliquis tergo oppositis. H. l. A. macrophyllum Sw., zamiaefolium Willd., abscissum Willd., salicifolium L., falcatum Sw., protensum Schrad., intermedium Klf.

Sect. III. Frondes pinnatae, ambitu triangulari.

6. A. *pumilum* pinnis petiolatis ovatis, ambitu triangulari, incisis, basi pinnatifidis, laciniis apice crenatis, soris linearibus oblongisque.

D. Fr. vix 4 poll. longa, pinnae inferiores maximae poll. 6 lin. latae.

A. pumilum *Sw. syn.* 76. *ind. occ.* 3. 1610. *W. sp.* 5. 309. *H. b.* 2. 64. A. anthriscifolium *Jacq. coll.* 2. 103. *t.* 2. *f.* 3. 4. Hemionitis pumila pentaphylla et rotunde dentata *Plum. fil.* 128. *t.* 66. *f. A.*

Hab. in Jamaica et Martinica, ad Caracas, in Cumana. Perennans. C. Inter Orchideas frequens propullulat in Caldario.

Subgen. II. Athyrium soris ovalibus et oblongis, indusiis demum reflexis et oblitteratis.

Athyrium a Rothio constitutum a Preslio restitutum est. Rothius Filicem feminam, et Ath. Halleri huc retulit; Preslius alias immiscuit species, et Allantodiam minime huc referendam. Limitibus non determinandis Athyrium ita transit in Asplenium ut genere distinguere non possis. — Secundum Preslium Athyrium ab Asplenio sectione distat; illud enim ad Blechnaceas refert, hoc ad Aspleniaceas. Illorum character est: Sori oblongi breves aut lineares elongati. Indusium oblongum lato-convexum planumve aut lineare elongatum planum. Harum vero, „Sori lineares elongati. Indusium lineare, elongatum, planum.“ Olim res difficillima erat characteres constituendi, nunc sane hoc modo facillima!

Sect. I. Frons simplex indivisa.

A. ensiforme Wall.

Sect. II. Frons simplex angulata.

A. trapezoides Sw.

Sect. III. Frons pinnata.

1. A. ***Trichomanes*** pinnis sessilibus subovalibus oblongisve, basi superne subauriculatis obtusissimis crenatis, soris demum flexis et confluentibus, stipite rhachique badiis.

D. Frondes 4—6 poll., pinnae 2—3—4 lin. lgae., 2 lin. latae, ala angustissima fuscescens scariosa.

A. Trichomanes ***Linn. W. sp.*** 5. 331. ***W. E.*** 1072. ***E. a.*** 2. 461. ***H. b.*** 2. 61. ***Schkuhr Kr.*** 69. ***t.*** 74.

Hab. in Europa media et boreali ad rupes, muros, nec non in Asia boreali. Perenne. Indig.

Varietatem foliis oblongis legi ad lacum Comensem. Alteram frondibus pedalibus et ultra, pinnis 6 lin. longis et 2 lat. habeo e Sicilia a cl. Consentini oblatum. Tertium circa Naupliam in Graecia lectum, tam tenerum est, ut ab A. melanocaulo vix distingui possit.

2. A. ***melanocaulon*** pinnis sessilibus subovalibus oblongisve basi superne subauriculatis obtusissimis inciso-crenatis, soris demum flexis et confluentibus, stipite rhachique badiis.

Fr. 3—4 poll. lgae., pinnae 2 lin. lgae. et latae magis incisae ac in Trichomane, rhachis tenuissima absque ala.

A. melanocaulon ***Willd. sp.*** 5. 332. ***W. E.*** 1073. ***E. a.*** 2. 461. ***H. b.*** 2. 62. A. Trichomanes ***Mich. amer.*** 2. 264.

Hab. in Canada, Pensylvania et in altis montibus Carolinae (Pursh.) Habemus in Hbrio. e Georgia a cl. Beyrich, et Cuba a cl. Poeppig.

Parum differt ab A. Trichomane, minus praesertim et tenerius.

3. A. ***viride*** pinnis subsessilibus, trapezoideis ob basin superne auriculatam, obtusissimis crenatis, soris demum confluentibus, stipite fusco, rhachi viridi.

D. Frondes 4—6 poll., pinnae 2—3 lin. lgae., 2 latae, ala nulla; stipes versus rhachin virescens.

A. viride ***Huds. Smith Sw. W. sp.*** 5. 332. ***W. E.*** 1022. ***E. a.*** 2. 461. ***H. b.*** 2. 61. ***Schkuhr Kr.*** 68. ***t.*** 71.

Hab. in rupibus subalpinis Germaniae australis, Helvetiae, Galliae, Angliae. Perenne. D.

4 A. ***Petrarcae*** pinnis sessilibus ovalibus obtusissimis profunde crenatis cum rhachi stipiteque glandulose pilosis, soris demum confluentibus.

D. Fr. 3—4 poll., pinnae 4 lin. longae, 3 lin. latae, petiolus cum rhachi inferiore badius.

A. Petrarcae ***De Cand. fl. fr.*** 6. 238. ***Hooker et Grevill. fil.*** 2. ***t.*** 152. A. Vallisclausae ***Requien*** in ***Guérin Descr. de Vaucluse éd.*** 2. A. glandulosum ***Loisel. gall.*** 2. 563. Polypodium Vallis clausae ***Requien in Guérin Déscr. de Vaucluse éd.*** 1. 124.

Hab. in Gallia australi prope Monspelium et in Valle clausa, in hac vero nunc vix reperienda. T.

5. A. ***flabellifolium*** pinnis inverse triangularibus, la-

tere anteriore arcuato acute crenato, rhachi apice filiformi radicante, soris confluentibus.

D. Fr. ped., pinnae 3 lin. lgae., 3 lin. antrorsum latae. Rhachis virens.

A. flabellifolium ***Cavan. prael. n.*** **656.** ***Sw. syn.*** 81 *et* 275 ***t.*** **3.** ***f.*** 2.

Hab. in Nova Hollandia. Perennans. T.

6. A. ***ebenum*** pinnis sessilibus lanceatis basi utrinque auriculatis obtusis serrato-crenatis, stipite rhachique badiis, soris demum confluentibus.

D. Fr. ped. et u., pinnae mediae 8 lin. lgae., 2 lin. latae, superne et inferne decrescentes.

A. ebenum ***Hort. Kew.*** 3. 462. ***Sw. syn.*** *79.* ***W. sp.*** **5. 329.** ***E. a.*** **2.** 460. ***H. b.*** 2. 60. Aspl. polypodioides ***Sw. syn.*** 79. 272. Aspl. pol. A. ebenum ***Schkuhr Kr.*** **61.** ***t.*** **73.** A. trichomanoides ***Michx. am.*** 2. 265. Aspl. platyneuron ***Linn. sp.*** 1527. ***excl. syn.***

Hab. in America boreali a Nova-Anglia ad Carolinam. Perenne. D.

7. A. ***brasiliense*** pinnis subsessilibus lanceatis basi superne auriculatis obtusis obtuse serratis, stipite rhachique fuscis.

D. Fr. ped. et ultra, pinnae poll. lgae., 4 lin. latae.

A. brasiliense ***Raddi bras.*** 36. ***t.*** 5. ***f.*** 1. ***H. b.*** **2.** 59.

Hab. in sylvis provinciae Rio de Janeiro Brasil. Perennans. C.

8. A. ***Otites*** pinnis subsessilibus lanceatis obtusis basi superne auriculatis mucronate serratis, stipite rhachique virentibus squamulosis.

D. Fr. ped. pinnae 9 lin. lgae., 2—3 lin. latae.

A. Otites ***H. b.*** 2. 60.

Hab. in Brasilia. Perennans. C.

Preslius in Pteridographia ad A. pulchellum ***Raddi bras.*** 37. ***t.***

51. *f.* 2. refert; at icon sistit plantam longe diversam, omnibus partibus multo minorem, pinnis acutis basi attenuatis.

9. A. *auritum* pinnis breviter petiolatis lanceolatis acutis serrato-crenatis, basi superne crena in auriculam sejuncta.

D. Fr. ped. et ultra, pinnae poll. et dim. lgae., 2 lin. latae, in formam pinnatifidam transeuntes.

A. auritum *W. sp.* 5. 320. *H. b.* 2. 61. *Schkuhr Kr.* 199. *t.* 130. *b.*

Hab. in Jamaica et ad Caracas. Perennans. C.

Habemus specimina Mexicana a Schiedeo, in quibus pinnae in formam pinnatifidam abierunt, cujusmodi Schkuhrius pinxit. Nostra planta exacte convenit cum planta Willd. in Hbrio., nec est A. laxum Willd. Preslius nempe A. auritum Sw. ad A. laxum W. reduxit.

10. A. *bipartitum* pinnis petiolatis lanceolatis obtusiusculis serratis, basi superne auricula separata petiolata, antice crenata.

D. Fr. ped., pinnae longae, poll. 4 lin. latae, crena petiolo longiusculo.

A. bipartitum *W. sp.* 5. 528. *H. b.* 2. 64.

Hab. in insula Borboniae, sec. Bory in Hb. Willd. Perennans. C.

Exacte convenit cum specimine Boryano in Hbrio. Willdenow. Preslius A. bipartitum Ht. ber. cum A. sulcato Lam. et A. Schottii suo conjunxit.

In hac specie auricula praesertim explicata est, in praecedente pars anterior pinnae.

Decursus petioli seu scapi badii intra petiolum viridem, quem in *H. b. l. c.* descripsi, et in aliis Asplenii speciebus locum habet.

A. affine *H. b.* 2. 62. periit, antequam fructus protulerat; hinc utpote dubium, nunc omitto.

11. A. *monanthemum* pinnis subsessilibus lanceatis obtusis basi truncatis superneque subauriculatis obtuse serratis, soro in qualibet pinna solitario.

D. Fr. vix ped., pinnae 4—5 lin. lgae., lin. et dim. latae, rhachis badia squamulis sparsis; sorus crassus.

Aspl. monanthes *Linn. mant.* 130. A. monanthemum *Houtt. Pflzsyst.* 13. 150. *t.* 97. *f.* 2. *Smith ined.* 73. *t.* 73. *Sw. syn.* 80. *W. sp.* 5. 322. *Schlecht. adumbr.* 27. *Kaulf. Linn.* 6. 185. *Kunze Linn.* 10. 515.

Hab. in Prom. b. sp. Perennans. T.

Singulare Asplenium sectionem propriam sistens.

12. A. *marinum* pinnis basi attenuata inferne decurrentibus, superne auriculatis lanceatis obtusis crenulatis.

D. Fr. 6 poll. ad ped. et ultra longa, pinnae haud ultra poll. et dim. lgae., nec ultra 6 lin. latae; basis pinnae in alam angustam viridem decurrit, in rhachi badia conspicuam.

A. marinum *Linn. Sw. W. sp.* 5. 318. *W. E.* 1072. *E. a.* 2. 460. *H. b.* 2. 58.

Var. major fr. ped. et ultra, pinnis 14 lin. lgis., 4 lin. latis, auricula pinnae magis distincta.

A. marinum *Schkuhr Kr.* 64. *t.* 68. *f. a. b.*

Hab. in rupibus marinis Lusitaniae et Africae borealis. Perennans. T.

Var. minor fr. 6—8 poll., pinnis 9 lin. lgis., 4 lin. latis, auricula pinnae minus separata.

A. marinum *Schkuhr Kr.* 64. *t.* 68. *f. c.*

Hab. in rupibus marinis Brittaniae et Galliae. Perennans. T.

Sectio IV. *Frons bi- pluriesve pinnatisecta, partitione circumscripta.*

13. A. *Filix femina* fr. subtripinnatifida, pinnulis lanceatis pinnatifido-incisis, laciniis apice bi- tridentatis, soris brevibus ovalibus et subrotundis.

D. Fr. 2—3 ped., pinnae 4—6 poll., pinnulae 4 lin. lgae., vix lin. latae, pinnellae seu laciniae vix lin. lgae.

Aspl. Filix femina *Bernhardi*, *Hooker*, *H. b.* 2. 67. Athyrium Filix femina *Roth germ.* 3. 65. Aspidium Filix femina *Sw. W. sp.* 5. 276. *W. E.* 1071. *E. a.* 2. 459. *Schkuhr Kr.* 56. *t.* 58. 59. Polypodium filix femina *Linn. sp.* 1551.

Hab. in Europa media et boreali. Perenne. Indig.

Variabilis planta; hinc multas species fictitias post O. Fr. Muellerum crearunt Auctores. Sic Darea aspidioides *W. E.* 1072. *W. sp.* 5. 369. postquam per aliquod tempus in Horto culta erat, non distingui poterat. Alia est Aspidium asplenioides *Sw. syn.* 60. *W. sp.* 5. 276. Asplenium Athyrium *Spreng. Analect.* 3. 113. *Schkuhr Kr.* 72. *t.* 78., quod vero a Filici femina non differre ipse auctor est. Willdenowius soris lunatis differre ait, sed sori lunati in Filice femina non raro reperiuntur. Filix hoc nomine a Willdenowii inde temporibus in Horto culta parum a Filice femina differt. Sed aliam colimus filicem nomine varietatis A. Filicis feminae ex America bor. oriundae, simillimam quidem, sed habitu et dimensionibus diversam, quam separaverim.

14. A. *elatius* fr. subtripinnatifida, pinnulis lanceato linearibus pinnatifido-incisis, laciniis apice bi- tridentatis integrisve, soris brevibus ovalibus et subrotundis.

D. Fr. 3 ped., pinnae 4—6 poll. e. ultra, pinnulae 6 lin. lgae., vix lin. latae.

Hab. in America boreali. Perenne. D.

Fortassis sub Aspidio asplenioide hanc filicem intellexerunt Auctores. Major est filice femina, et pinnulas habet angustiores.

15. A. *decurtatum* fr. bipinnatifida, pinnellis lanceatis obtusis antice subserrulatis pubescentibus, soris oblongis.

D. Fr. 1—2 ped., pinnae 4 poll. longae, longe acutatae, pinnellae 4 lin. lgae., lin. latae, ala connectens fere

2 lin. lata, stipes rhachisque albi, sori omnes aequales brevissimi et oblongi.

Hab. in Brasilia? Perenans. C.

16. A. ***fontanum*** fr. subbipinnatifida, pinnellis subrotundis attenuatis bi- tridentatis dentibus submucronatis.

D. Fr. 4—5 poll., pinnae 4—6 lin. lgae., pinnellae 2 lin. lgae. et lin. latae, utrinque 3 in pinna liberae, reliquae confluentes.

A. fontanum ***Hook. britt.*** 8. 388. ***Smith. engl.*** 4. 312. ***Engl. Bot. t.*** 2024. ***H. b.*** 2. 63. Athyrium fontanum ***Roth germ.*** 3. 59. 69. Aspidium fontanum ***Sw. W. sp.*** 5. 272. ***Schkuhr Kr.*** 52. ***t.*** 53. Polypodium fontanum ***Linn. sp.*** 1550.

Hab. in Germania calidiore, Helvetia, Anglia, Gallia ad rupes. Perenne. D.

17. A. ***Halleri*** fr. bipinnata, pinnulis subrotundis basi attenuatis subpetiolatis bi- tridentatis, dentibus longe mucronatis.

D. Fr. 4—5 poll., pinnae 7—8 lin. lgae., lin. dim. latae, utrinque 6 in pinna liberae, reliquae confluentes.

Aspidium Halleri ***W. sp.*** 5. 274. ***E. a.*** 2. 457. Athyrium Halleri ***Roth germ.*** 14. 3. 60.

Hab. in rupibus Helvetiae. Perenne. F.

Pinnularum numero et parvitate sat differt a praecedente.

18. A. ***obovatum*** fr. bipinnata, pinnulis subpetiolatis cuneiformi-rhomboideis acute crenatis, soris confluentibus.

D. Fr. ped. et ultra, pinnae 1—2 poll. longae, pinnulae 6 lin. longae, diametro obliquo 4 lin. latae, rhachis pinnarum virens, frondes cum stipite badio squamulis sparsis.

A. obovatum ***Vivian. lib. ad calc.*** 68. ***cors.*** 16. ***Gussone pl. rar.*** 376. ***t.*** 64. ***Moris sard.*** 2. 12., ***fl. Caprar.*** 159. ***Tenore syll.*** 490.

Hab. in Insula Corsica, Sardinia et Sicilia (Consentini et ipse legi), Calabria. Perennans. T.

Elegans filix Asp. fontano simile, sed multo majus.

Sectio V. Frons bi- pluriesve pinnatisecta, partitione deliquescente.

19. A. ***furcatum*** fronde adulta bipinnata, pinnulis cuneiformibus retusis et acuminatis, antice denticulato-incisis, petiolo rhachique badiis squamulosis.

D. Fr. 1—2 ped., pinnae 1—3 poll. lgae., pinnulae ad 9 lin.

Asplenium furcatum ***Sw. W. sp.*** 5. 340. ***Kaulf. en.*** 174. ***Schlechtend. adumbr.*** 30.

Hab. in Prom. b. sp., insula Borboniae. Perennans. T.

Olim cum A. praemorso conjunxi, et sane juniore statu ipsi simillimum est, sed suadente loco natali sejunxi.

20. A. ***acutum*** fr. subtripinnata, pinnulis basin versus pinnatis, pinnellis laciniisve 2—3 dentatis, dentibus longe acutatis, soris demum confluentibus.

D. Fr. ad 2 ped. alta, pinnae 4—6 poll. lgae., pinnulae poll. et dim. ad 2 poll. lgae., laciniae 2—3—4 lin. lgae., stipes cum rhachi fuscus semivirens.

A. acutum ***Bory W. sp.*** 347. A. Virgilii ***Bory Exped. d. l. Morée*** 289.

Hab. in Lusitania, Italia australi, Graecia. Perenne. T.

Aspl. Virgilii Boryi ab ejusdem Aspl. acuto mihi non diversum videtur.

21. A. ***Adiantum nigrum*** fronde tripinnatifida, pinnulis serrato-incisis, laciniis ultimis ovalibus et oblongis apice 2—3 dentatis, dentibus acutis, soris ad costam confluentibus.

D. Fr. ped., pinnae 2—3 poll. lgae., pinnulae 9—10 lin., laciniae lin. lgae., stipes cum rhacheos basi fuscus tum rhachis virens.

Linn. Sw. W. sp. 5. 346. *E. a.* 2. 461. *H. b.* 2. 66. *Schkuhr Kr.* 74. *t.* 80 *a.*

Hab. in Anglia australi, Gallia australia, Italia. Perenne. T.

22. A. *lanceolatum* fr. tripinnatifida, pinnulis ovalibus, basi attenuatis inciso crenatis, crenis mucronatis, stipite rhachique squamulosis.

D. Fr. 6 poll. lga., stipes 4 poll., pinnae poll., laciniae ultimae maximae 3 lin. lgae., 2 lin. latae.

Asplenium lanceolatum *Huds. angl.* 455. *Hooker brit. t.* 388.

Hab. in Anglia, Cornubia, praesertim inv. in monte Snowdon, in Westmoreland prope Ambleside, nec non in Scotia occidentali prope Gilp-head frequens et alibi in Scotia Hiberniaque.

23. A. *Ruta muraria* fronde bipinnata, pinnis ternatis, et pauci-pinnatis, pinnulis cuneiformibus antice crenatis et incisis.

D. Fr. 3—4 poll. lgae., pinnae vix poll., pinnulae 3 lin. lgae., 2 lin. latae.

Asplenium Ruta muraria *Linn. Sw. W. sp.* 5. 341. *W. E.* 1072. *E. a.* 2. 401. *H. b.* 2. 66. *Schkuhr Kr.* 75. *t.* 80 *b.*

Hab in Europae praesertim borealis et frigidioris rupibus et muris. Perenne. Indig.

24. A. *germanicum* fronde bipinnata, pinnis ternatis et pauci-pinnatis, pinnulis linearibus antrorsum latioribus bi- tricrenatis et integris.

D. Fr. 3—4 poll. lgae., pinnae vix poll., pinnulae 3 lin. lgae., lin. latae, ubi latissimae.

Asplenium germanicum *Weiss. crypt.* 299. *W. sp.* 5. 330. *W. E. S.* 70. *E. a.* 2. 460. *H. b.* 2. 66. A. Breynii *Sw. syn.* 85. *Schkuhr Kr.* 77. *t.* 81. Asplenium alternifolium *Wulfen in Jacq. Miscell.* 2. 51. *t.* 5. *f.* 2.

Hab. in Germania praesertim calidiore, Scotia, Gallia. Perenne. D.

25. A. ***cicutarium*** fronde tripinnatifida, ambitu lanceolato, pinnulis pinnatifidis, laciniis ovalibus et oblongis basi attenuatis acutiusculis aut bi- trifidis.

D. Fr. 1—2 ped. alta, pinnae 2 poll. et dim. lgae., pinnulae 5 lin. lgae., laciniae ultimae lin. lgae.

Asplenium cicutarium *Sw. prodr.* 130. Asp. dissectum *H. b.* 2. 68. Darea Cicutaria *W. sp.* 5. 301. Caenopteris Cicutaria *Sw. syn.* 88. *fl. occid.* 3. 1620. *Thunb. N. Act. Petrp.* 9. 158. *t. C. f.* 1. *t. F. f.* 2. Filix pinnulis cristatis *Plum. fil.* 34. *t.* 48 *f. A.*

Hab. in Jamaica aliisque Antillis et ad Caracas. Perennans. C.

Asplenium dissectum *H. b.* erat forma junior et minus explicata A. cicutarii.

SUBORDO 8.

ASPIDIACEAE.

Sori subrotundi. ***Indusium*** laterale, demum sporangiis circumcirca enatis saepe centrale. ***Sporangia*** gyromate incompleto.

Genera huc referenda.

Aspidium Sm.
Hypodematium Kze.
Cyclosorus.
Oleandra Cavan.
Nephrodium.

Nephrolepis Pr.
Polystichum Schott.
Tectaria Cavan.
Cyrtomium Pr. Phanerophlebia Pr. Sageniaei.
Cyclodium, soris serie simplici ut in Aspidio, indusio Polystichi, differt ab utroque pinnis fructiferis contractis.
Bathmium Pr.
Leucostegia Pr. pagina frondis superiore pallidiore faciem paginae inferioris prae se ferens.
Didymochlaena Desv.

I. ASPIDIUM.

Frondes bi- pluriesve pinnatisectae. *Sori* utrinque ad costam pinnulae pinnellaeve serie simplici. *Indusium* rotundatum sinu angusto excisum, demum centrale.

Preslius paucis speciebus separatis nomen Aspidii reliquit, reliquis vero iisque plurimis nomen Lasteae imposuit, quod non admittendum, ob nimiam nominum mutationem.

Sect. I. Nervi pinnularum et pinnellarum laterales simplices.

1. A. *Serra* fr. bipinnatifida, pinnellis lanceatis falcatis acutis, basi nervis arcuatis connexis, rhachi pinnellisque subtus pubescentibus, stipite undique pubescente, indusio pubescente.

D. Fr. 2 ped. alta, pinnae 6 poll. lgae., pinnellae lin. lgae. et latae, sursum deorsumque deliquescentes, ala connectente lin. lata, sori ad basin pinnella.

A. Serra *Sw. en.* 47. *ind. occ.* 3. 1665. *W. sp.* 5. 240. *E. a.* 2. 455. *H. b.* 2. 114. *Schkuhr Kr.* 35. *t.* 33. *b. Raddi bras.* 31.

Hab. in sylvis interioribus Jamaicae (Swartz), ad margines fossarum udarum prope Rio de Janeiro, nec non in sylvis humidis. Perennans. C.

2. A. *patens* fr. bipinnatifida, pinnellis lanceatis falcatis acutis subintegerrimis, rhachi costisque subpubescentibus, indusio glabrescente.

D. Fr. 1—2 ped. alta, pinnae 3—5 poll. lgae., longe acutatae, pinnellae 3—4 lin. lgae., lin. latae, inferiores longiores, ala connectente vix lin. longa, stipes albescens.

A. patens ***Sw. pr.*** 133? ***Raddi bras.*** 32. ***t.*** 48. ***H. b.*** 2. 116. A. nymphale ***Schkuhr Kr.*** 36. ***t.*** 34. indusia pilis pluribus.

Hab. in sylvis humidis praecipue ad rivulos prope Rio de Janeiro (Raddi). Perennans. C.

Aspidium patens Swartzii dubium est; secundum descr. in ***fl. ind. occ.*** 3. ***p.*** 1673 et sec. specimen, quod Swartzius olim Rudolphio dedit, ab A. molli non differt. Willdenowius ***sp.*** 5. 244. A. patens ab A. molli in Hort. bot. ber. non differre ait. Misso igitur A. patente Sw. sequamur Raddii descriptionem iconemque, quae nostram filicem bene exhibet. Pinnellae infimae non ita longae sunt, ac in icone sistuntur; semper tamen longiores ac reliquae pinnellae. Character essentialis in indusio glabro positus est, cui rarius pili pauci innati sunt.

3. A. *molle* fr. bipinnatifida, pinnellis lanceate oblongis, subfalcatis obtusis subintegerrimis, basi nervis arcuatis nexis, rhachi nervis indusiisque infra pubescentibus.

D. Frons ped. et ultra longa, pinnae 3—4 pollices longae, pinnellae 4 lin. longae, 1—2 lin. latae, inferiores parum longiores, ala connectens ad 2 lin. lata, stipes albescens.

A, molle ***Sw. syn.*** 49. ***W. sp.*** 5. 246. ***E. a.*** 2. 452. ***H. b.*** 2. 115. ***Schkuhr Kr.*** 37. ***t.*** 34 ***b. Raddi br.*** 32. A. patens ***W. E.*** 1069. Polypodium molle ***Jacq. ic. rar.*** 3. ***t.*** 640.

Hab. in Brasilia ad rivulos prope Rio de Janeiro (Raddi,

Sellow). Habemus quoque ex insula Mauritii vix diversum. Perennans. C.

5. A. ***violascens*** fronde bipinnatifida, pinnellis lanceate oblongis subfalcatis obtusis subintegerrimis, stipite rhachi nervisque supra et infra dense pubescentibus, indusio pubescente minutissimo.

D. Cormus bulbosus. Frons 2—3 ped. alta, stipes pilis reversis densis tectus, saepe violascens, pinnae 3—5 poll. lgae., pinnellae 4 lin. lgae., 2 lin. latae, ala connectens vix ultra lin. lata.

A. violascens ***H. b.*** **2. 116.**

Hab. in Brasilia. Perennans. C.

Nomen Aspidii bulbosi melius esset, sed mutare nolui. Nescio, cur Preslius bene distinctam speciem cum A. molli Sw. combinatam voluerit.

6. A. ***Kaulfussi*** fronde bipinnatifida, pinnellis lanceatis falcatis obtusiusculis subdenticulatis, stipite nervisque supra et infra nec non indusio subpubescentibus.

D. Fr. 2—3 ped. alta, pinnae 6—9 poll. lgae., pinnulae 6 lin. et ultra lgae., 1—2 lin. latae, ala connectens vix lin. lata.

A. Kaulfussi ***H. b.*** **2. 117.**

Hab. in Brasilia. Perennans. C.

A. ***Ctenitis*** fr. bipinnatisecta, pinnulis lanceatis obtusissimis, pinnarum inferiorum argute serratis, stipite rhachi costisque pilis squamulatis.

D. Fr. 2—3 ped., pinnae ad 7 poll. lgae., pinnulae ad 10 lin. lgae., antice 3 lin., postice 2 lin. latae.

A. Ctenitis ***H. b.*** **2. 122.**

Hab. in Brasilia. Perennans. C.

Aspidium hocce, cujus specimen in Hbrio. asservavi, satis superque ab A. concinno differt, cum quo Preslius jungit, falso specimine deceptus, cum jamdudum in Horto nostro perierit. Habuimus nomine A. falciculati Raddi, cui propius accedit, quamvis diversum.

7. A. *chrysolobum* fronde bipinnatifida, pinnellis lanceate oblongis subfalcatis breviter acutis subintegerrimis, stipite rhachi et costis squamulose pubescentibus, indusio glabrescente.

D. Fr. 1—2 ped., pinnae 3—4 poll. lgae., pinnellae 6 lin. lgae., 2 lin. latae, color ob squamulas lutescens, ala connectens lin. dim. lata.

A. chrysolobum *H. b.* 2. 117.

Hab. in Brasilia. Perennans. C,

8. A. *noveboracense* fronde bipinnatifida, pinnellis lanceatis rectis obtusiusculis subintegerrimis, stipite, rhachi et nervis infra subpubescentibus, indusio glaberrimo.

D. Fr. 1 — 2 ped. alta, stipes albens, pinnae 1 — 2 poll. longae, inferne sensim decrescentes, pinnellae 2 lin. lgae., lin. dim. latae, ala connectente lin. dim. lata.

Asp. noveboracense *Sw. Willd. sp.* 5. 248. *W. E.* 1070. *E. a.* 2. 498. *H. b.* 2. 118. *Schkuhr Kr.* 45. *t.* 46 (cum?). A. thelypterioides *Sw. syn.* 57. Nephrodium Thelypterioides *Mich. am.* 2. 267. Polypodium noveboracense *Linn. sp. pl.* 1552.

Hab. ad fossas, lacus, fluvios in America boreali a Canada ad Carolinam (Pursh) in Georgia (Beyrich). Perenne. D.

9. A. *rivulorum* fronde bipinnatifida decrescente, pinnellis subtriangularibus rectiusculis obtusiusculis subintegerrimis, pilis paucis adspersis, indusio glabro parvo mox oblitterato.

D. Pl. 2—3 ped. alta, stipes albus, pinnae 3—5 poll. longae, inferne sensim decrescentes et latescentes, pinnellae 3 lin. lgae., lin. et dim. latae, ala connectens lin. et dim. lata.

A. rivulorum *H. b.* 2. 119. Polypodium rivulorum *Raddi br.* 23. *t.* 35.

Hab. ad margines rivulorum prope Rio de Janeiro Brasiliae (Raddi). Perennans. C.

10. A. ***concinnum*** fronde bipinnatifida decrescente, pinnellis subtriangularibus acutiusculis subintegerrimis, rhachi costisque pubescentibus, indusio glabrescente parvo mox oblitterato.

D. Pl. 1—2 ped., pinnae 1—2 poll. longae inferne sensim decrescentes, pinnellae lin. lgae. et basi latae, ala connectens lin. dim. lata.

A. concinnum *H. b.* 2. 120. A. conterminum *Willd. sp.* 5. 249. Lonchitis pinnulis rotundis non dentatis *Plum. fil.* 36. *t.* 47?

Hab. in Brasilia, Martinica (Plumier). Perennans. C.

Praecedenti valde affine et forte varietas diff: statura minori, pinnellis magis acutatis.

Convenit cum specimine A. contermini in Hbrio. Willd. a Desfontaines accepto, nisi quod pubescentia differat, nam in petiolo spec. Willd. pili reversi densi sunt. Sed hoc non impedit, quominus Preslio adsentiar, qui Aspidium concinnum meum A. conterminum Willd. Hbar. esse dicat. At Willdenowius cum Species pl. ederet, specimen illud nondum habuit, plantam non vidit, et lacinias pinnarum obtusissimas vocat secundum iconem Plumierianam dubiam, quae in ipso specimine acutae sunt. Hinc nomen A. concinni retinui. Soros in H. b. parvos descripsi postea vero soros sat magnos protulit.

11. A. ***augescens*** fr. bipinnatifida pyramidata, pinnellis subtriangularibus acutis subintegerrimis, rhachi costisque pubescentibus, indusio pubescente persistente.

D. Frons 1—2 ped., pinnae 3 poll. longae et ultra, pinnellae lin. lgae. et basi latae, ala connectens lin. dim. lata. Stipes albens.

Hab. in provincia Caracas. Ed. Otto inde attulit. Perennans. C.

Affine speciebus duabus praecedentibus, sed fronde non decrescente statim dignoscendum.

12. A. *contractum* fronde bipinnatifida decrescente, ambitu lanceolato, pinnellis semioblongis obtusissimis antice subcrenulatis, rhachi costisque pilis sparsis, indusio persistente pubescente.

D. Fr. ped. et dim. longa, pinnae parum ultra poll. pinnellae 2 lin. lgae., lin. latae, rhachi lin. lata. Stipes albescens, nervi subtus demum violascentes.

Hab. . . . . Perennans. C.

E Hort. angl. accepimus.

Sect. II. Nervi pinnularum et pinnellarum laterales bifurci, inferiores saepe pinnatim ramosi.

13. A. ***Thelypteris*** fr. bipinnatifida, pinnis inferioribus subaequalibus, pinnellis lanceatis acutis integerrimis et acute crenatis, infimis majoribus, soris marginalibus confluentibus, indusio glabro conflexo.

D. Cormus stolonibus reptantibus. Frons ped., pinnae 2 poll. et dim. lgae., pinnulae 3 lin. lgae., 2 lin. latae, fructiferae margine reflexae, ala connectens dim. lin. lata.

A. Thelypteris ***Sw. Willd. sp.*** **5. 249.** ***W. E.*** **1070.** ***E. a.*** **2. 458.** ***H. b.*** **2. 119.** ***Schkuhr Kr.*** **51.** ***t.*** **52.** Polypodium Thelypteris ***Linn. mant.*** **505.** Acrostichum Thelypteris ***Linn. sp.*** **1528.**

Hab. in paludosis Europae borealis nec non Americae bor. a Canada ad Virginiam (Pursh). Perenne. Indig.

Pinnulae saepe basi acute crenatae interdum totae. Specimina ex America bor. nullo modo ab Europaeis differunt. A. squamutosum Kaulf. e Prom. b. sp. Schlechtendalius huc refert, et varietatem β inde constituit. At differt non solum squamulis in costa, sed quoque pinnellis majoribus magis obtusis, undique saepe serrulatis.

14. A. ***Oreopteris*** fronde bipinnatifida, pinnulis inferioribus sensim decrescentibus, pinnellis lanceatis obtusis

subcrenulatis, soris marginalibus distinctis, indusio glabro conflexo.

D. Cormus bulbiformis. Frons ped. et ultra, pinnae mediae 2 poll. et dim. longae, pinnellae 3 lin. lgae., lin. et dim. latae, ala connectens lin. dim. lata.

A. Oreopteris ***Sw. W. sp.*** 5. 247. ***W. E.*** 1070. ***E. a.*** 2. 458. ***H. b.*** 2. 118. ***Schkuhr Kr.*** 37. ***t.*** 35. 36. Polypodium Oreopteris ***Ehrh. Beytr.*** 4. 44. Polyp. montanum ***Vogler Diss. Giess.*** 1781.

Hab. in montosis Germaniae, Helvetiae, Galliae, Angliae praesertim in Scotia et Hibernia, nec non in Norvegia meridionali. Perenne. D.

15. A. ***Filix mas*** fronde bipinnatisecta, pinnellis semioblongis obtusis acute crenatis, stipite rhachique squamulosis, soris antrorsum cessantibus, indusio glabro.

D. Frons 1—2 ped., pinnae 4 poll., pinnellae 6 lin. lgae., 2 lin. latae, ala connectente versus basin pinnae deliquescente.

A. Filix mas ***Sw. Willd sp.*** 5. 259. ***W. E.*** 1070. ***E. a.*** 2. 459. ***H. b.*** 2. 122. ***Schkuhr Kr.*** 45. ***t.*** 44. Polypodium Filix mas ***Linn. sp.*** 1551.

Hab. in Europae sylvis usque ad Lusitaniam borealem. Perenne. D.

16. A. ***spinulosum*** fronde subtripinnatifida, pinnellis lanceatis acute crenatis et pinnatifidis, laciniis longe mucronatis, stipite squamuloso, indusio glabro.

Typus, pinnellis infimis integris aut pinnatifidis.

D. Frons 2 ped., pinnae 4 poll., pinnellae infimae ad poll. longae, superiores longe minores, ala connectens versus basin pinnae decrescens.

A. spinulosum ***Sw. W. sp.*** 5. 262. ***W. E.*** 1070. ***E. a.*** 2. 459. ***H. b.*** 2. 123. ***Schkuhr Kr.*** 48. ***t.*** 48. Polypodium spinulosum *O. F. Miller Friedrichsd. n.* 841. *t.* 2. *f.* 2. Polypodium cristatum *Schreb. spic.* 71.

Hab. in Europa media et boreali. Perenne. Indig.

Var. dilatatum, pinnellis plurimis pinnatifidis.

D. Frons 2—3 ped., pinnae 4—5 poll. lgae., pinnellae infimae ad 2 poll. lgae., ala connectens versus basin pinnae decrescens et deficiens.

Aspidium dilatatum *Sw. W. sp.* 5. 263. *E. a.* 2. 459. *H. b.* 2. 123. *Engl. Bot. t.* 1460. Polypodium cristatum *Huds. angl.* 457. Polypodium *Mill. Fried. n.* 845. *t.* 2. *f.* 4. P. aristatum *Vill. delph.* 3. 844.

Hab. praesertim in Europa media. Perenne. D.

Inter typum et hanc varietatem tot formae intermediae sunt, ut separare nequeas, cl. Hookerum igitur secutus conjunxi. Willdenowius P. spinuloso pinnellas integras tribuit, seu pinnulas inciso dentatas et decurrentes, A. dilatato vero pinnulas pinnatifido-incisas distinctas. At in A. spinuloso pinnellae infimae saepissime pinnatifidae sunt (etiam in Hbrio. Willd.) et, si magis divisae sunt, ala quoque decrescit. Tum A. spinuloso indusia glandulosa adscribit, A. dilatato nuda. At glandularum numerus valde variat, et saepe indusia glandulosa non raro cum fronde A. spinulosi juncta sunt.

A. intermedium *E. a.* 2. 459., quod in horto habuimus erat var. Asplenii Filicis feminae.

17. A. *rigidum* fronde subtripinnatifida, pinnellis lanceatis plerisque pinnatifidis, laciniis breviter mucronatis, stipite rhachique squamulosis, indusio glabro.

D. Frons 1—2 ped., pinnae longissimae parum ultra 2 poll. lgae., pinnellae 6 lin. lgae., laciniae mucrone brevissimo crassiusculo, ala connectente angustissima vix ulla.

A. rigidum *Sw. W. sp.* 5. 263. *W. E.* 1070. *E. a.* 2. 459. *H. b.* 2. 124. *Schkuhr Kr.* 40. *t.* 38. Polypodium rigidum *Hoffm. germ.* 2. 6. Pol. fragrans *Vill. delph.* 3. 843. *excl. syn.* Pol. Villarsi *Bellard. Act. Taur.* 5. 258. Polystichum strigosum *Roth germ.* 3. 86.

Hab. in montibus Germaniae, Helvetiae, Galliae australis et Italiae bor., rarius Angliae. Perenne. D.

A praec. primo intuitu eo differt, quod pinnae breviores cum pinnellis profunde partitis junctae sint. Laciniarum mucrones multo breviores.

18. A. ***cristatum*** fronde bipinnatifida, pinnellis semioblongis obtusis crenatis, crenis conniventer mucronatis, infimis majoribus, stipite rhachique parum squamulosis, indusio glabro.

D. Frons 1—2 ped., pinnae maximae vix poll. et dim. lgae., pinnellae infimae 5 lin. longae., ala connectens 2—3 lin. lata.

A. cristatum ***Sw. W. sp.*** 5. 252. ***W. E. S.*** 69. ***E. a.*** 2. 428. ***H. b.*** 2. 120. ***Schkuhr Kr.*** 39. ***t.*** 37. Polyp. Callipteris ***Ehrh. Beytr.*** 3. 78. Polypodium cristatum ***Linn. sp.*** 1551.

Hab. in paludosis Germaniae, Sueciae mediae et australis, Angliae. Perenne. Indigen.

19. A. ***marginale*** fronde bipinnatifida, pinnulis semiovatis oblongis et lanceatis obtusis, basi saepe profunde crenatis, soris marginalibus, indusiis glabris.

D. Fr. 1—2 ped., pinnae 3 poll. et ultra, pinnulae ad 9 lin. lgae., 3 lin. latae.

Aspidium marginale ***Sw. Willd. sp.*** 5. 259. ***E. a.*** 2. 459. ***H. b.*** 2. 122. Nephrodium marginale ***Mich. am.*** 2. 267. Polypodium marginale ***Linn. sp.*** 1522.

Hab. in America boreali a Canada ad Carolinam, locis rupestribus umbrosis. Perenne. D.

Indusia rotundata infundibiliformia et reniformia, ita ut Polystichum Schott. et Aspidium combinet.

20. A. ***pallidum*** fr. tripinnatifida, pinnulis longe lanceatis, pinnellis laciniisve subrotundis acute bi- tridentatis, stipite rhachique squamulosis, indusio glaberrimo reniformi bullato.

D. Fr. 2—3 ped. alta, pinnae 3—4 poll., pinnulae 5—6 lin. longae, lin. et ultra latae, pinnellae lin. lgae. et latae. Indusium juniore statu violascens.

Nephrodium pallidum ***Expedition de la Morée*** 287. *t.* 34.

Hab. in Morea, Calabria, (Bory), Sicilia, unde habeo, in umbrosis humidis. Perennans.

Elegans filix, indusio juniore violascente et glaberrimo facile dignoscenda.

II. CYCLOSORUS.

Frons bipinnatifida, pinnellis coadunatis. ***Sori*** subrotundi, secundum marginem pinnellarum distributi, confluentes. ***Indusium*** laterale, demum sporangiis circumcirca enatis centrale.

C. ***gongylodes*** pinnis obtuse crenato-pinnatifidis.

D. Fr. 1—2 ped., pinnae 2—3 poll. lgae., inter crenas 3 lin. latae.

C. gongylodes ***H. b.*** **2. 128.** Aspidium gongylodes ***Schkuhr Kr.*** **193.** ***t.*** **335.** Asp. contiguum ***Kaulf. in coll. Weigelt.***

Hab. in America meridionali, Surinami (Weigelt), Essequebo (Schkuhr). Perennans. C.

Periit in Horto.

Aspidium obtusatum ***Sw. syn.*** **48.** ***et*** **240.** ***Willd. sp.*** 5. 241. ***Phytogr.*** **13.** ***t.*** **10.** affine quidem, sed differt crenis acutiusculis, soris parvis.

III. NEPHRODIUM.

Frondes pinnatae. ***Sori*** subrotundi utrinque ad costam serie simplici. ***Indusia*** semirotunda latere affixa, sorum a latere tegentia, demum sporangiis enatis reniformia.

Nephrodii indusia latere affixa sunt, nec sinu angusto excisa.

ut in Aspidio, nec sporangiis circumcirca enatis revera centralia fiunt. Quo charactere facillime genus distinguitur. *Cfr. H. b.* 2. 125. Hinc restitui. Multae species verruculas supra in margine ostendunt, sed ad genera distinguenda non adhiberem.

1. N. ***Schkuhrii*** fronde dense pinnata, pinnis subsessilibus lanceatis obtusis serratis, basi superne obtuse auriculatis, inferne subdimidiatis, rhachi glabra ad basin pinnarum squamis fasciculatis.

D. Fr. ped. et ultra, pinnae 8 lin. lgae., 2 lin. latae, versus basin decrescentes.

Nephrodium pectinatum *H. b.* 2. 125. Aspidium pectinatum *Willd. sp.* 5. 223. Aspidium trapezoides *Schkuhr Kr. t.* 29. *b.* bona, sed falso ad A. mucronatum in opere ipso relata.

Hab. in Brasilia? Perennans. C.

Aspidium pectinatum Willd. Hbr. differt, rhachi glaberrima, pinnis brevibus. In sp. pl. ad iconem Schkuhrianam respexit et pilorum fasciculos indicavit.

2. N. ***tuberosum*** fronde dense pinnata, pinnis sessilibus lanceatis obtusiusculis, praesertim antice serratis, basi superne obtusiuscule auriculatis, inferne rotundatis, stipite supra dense squamulosis.

D. Frons 1—2 ped., pinnae 8 lin. aut poll. longae, 3 aut 4 lin. lati. Receptacula superne albo-punctata.

Nephrodium tuberosum *H. b.* 2. 126. Aspidium tuberosum *W. sp.* 5. 234.

Hab. in arboribus insulae Borboniae. Rhachis interdum bulbifera, bulbo squamuloso. Perennans. C.

3. N. ***exaltatum*** fr. inferne remotiuscule pinnata, pinnis sessilibus lanceatis acutiusculis, antice serratis, basi superne obtusiuscule auriculatis, inferne rotundatis, stipite glabro, rhachi superne laxe squamulosa.

D. Frons ultra 2 ped. alta, pinnae ad 2 poll. lgae.,

4—5 lin. latae, verrucis supra ad marginem evidenter albo-punctatis, quae in praecedente obsolete albo-punctatae.

N. exaltatum *H. b.* 2. 126. Aspidium exaltatum *Sw. W. sp.* 5. 229. *Schkuhr Kr.* 33. *t.* 32 *b.*? *Raddi bras.* 30. *t.* 46? Polypodium exaltatum *Linn. sp.* 1548.

Hab. in America australi boreali. Perennans. C.

Icon Plumerii, huc citata a Linnaeo et Willdenowio, pinnas habet minus serratas, minus basi rotundata productas, et sic quoque icon Raddiana Asp. exaltati.

IV. POLYSTICHUM.

Frondes pinnatae et bipinnatifidae. ***Sori*** ad costam serie simplici aut irregulari. ***Indusium*** rotundatum medio affixum integrum sporangiis, demum circumcirca enatis centrale.

Schottius hoc genus bene distinxit. In P. Lonchiti indusium sinu quidem excisum, sed nunquam ad centrum usque penetrante.

Sectio I. Pinnae, pinnulae aut pinnellae basi superne auriculatae, fructigerae conformes.

1. P. ***Lonchitis*** fronde pinnata, pinnis petiolatis lanceolatis falcatis acutis mucronate serrulatis, stipite rhachique squamulosis.

D. Fr. ped., pinnae poll. et u. lgae., 4—5 lin. latae, sursum longitudine et latitudine decrescentes, deorsum longitudine decrescentes et latescentes.

P. Lonchitis *Schott.* Aspidium Lonchitis *Sw. Willd. sp.* 5. 224. *W. E.* 1068. *E. a.* 2. 458. *H. b.* 2. 114. *Schkuhr Kr.* 29. *t.* 69. *Kaulf. en.* 235. Pol. Lonchitis *Linn. sp.* 1548.

Hab. in Alpibus Europae mediae et borealis. D. de Chamisso p. m. ex Unalaschka attulit, minus, pinnis brevioribus latioribus, uti specimina lapponica. Perenne. D.

2. P. *aculeatum* fronde subbipinnatifida coriacea, pinnulis ovalibus basi attenuatis superne vix auriculatis, apice longe mucronatis, marginibus brevius mucronate serratis, stipite rhachique squamulosis.

D. Frons 1—2 ped., pinnae 3 poll., pinnulae inferiores disjunctae, ala connectente vix ulla, 3 lin. lgae., lin. et dim. latae, infima superior 5 lin. lga., 2 lin. lata, pinnellae superiores confluentes.

P. aculeatum *Schott.* Aspidium aculeatum *Sw. W. sp.* 5. 238. partim. *W. E. S.* 69. *E. a.* 2. 458. *H. b.* 2. 120. *Schkuhr Kr.* 41. *t.* 39. et A. lobatum?? *ibd. t.* 40. Aspidium lobatum *Hook. britt.* 384? Polypodium aculeatum *Linn. sp.* 1552. *Huds. angl.* 459.

Hab. in sylvis montosis Europae mediae, Germaniae, Angliae, Galliae, Hispaniae et Lusitaniae borealis. Perenne. D.

Character secundum specimina germanica ad Rhenum lecta cum Schkuhrii iconibus convenientia. In Hbrio. Willd. pleraque specimina ad sequentem pertinent speciem. Hudsonius, qui primus A. aculeatum et lobatum distinxit, in illo auricularum non meminit, in hoc utique.

3. P. *lobatum* fronde bipinnatifida, pinnulis ovalibus basi breviter attenuatis, inferioribus praesertim basi superne auriculatis, omnibus apice longius mucronatis marginibus mucronate serratis, indusio glabro.

D. Fr. 1—2 ped., pinnae 2 poll. et dim., pinnulae 3 lin. lgae., 1—2 latae, stipite rhachi costisque squamulis densissimis longe attenuatis.

P. lobatum *Presl.* Aspidium lobatum *Smith britt.* 3. 1123. *angl. fl.* 4. 291. *Engl. Bot. t.* 1563. *H. b.* 2. 121. *W. sp.* 5. 260. Polypodium lobatum *Hudson angl.* 459.

Hab. in sylvis Angliae, Galliae (de Chamisso). Perenne. D.

P. *angulare* fronde bipinnatifida, pinnulis ovalibus basi longe attenuatis, inferioribus praesertim basi superne auriculatis, apice longe mucronatis, marginibus breve mucronate serratis, indusio glabro.

D. Frons 1—2 ped., pinnae 3 poll., pinnulae 6—8 lin. lgae., 3 lin. latae, stipite rhachi costisque squamulis densissimis longe attenuatis.

P. angulare ***Presl.*** Aspidium angulare ***W. sp.* 5. 259. *Sadler. hungar.* 39. *H. b.* 2. 121.**

Hab. in Hungaria (Kitaib.) Anglia? (Smith br.) Perenne. D.

Aspidium angulare quod ex Hibernia habeo prope Belfast lectum est varietas praecedentis, serraturis profundioribus. Differt ab A. angulari hungarico pinnulis minoribus, minus petiolatis, approximatis nec distantibus.

5. P. *pungens* fronde bipinnata, pinnulis petiolatis lanceolatis, duplicate serratis, serraturis mucronatis extimis longis, stipite rhachique squamosis.

D. Rhizoma repens crassiusculum, squamis longe acutatis; frons 2 ped., pinnae 4—5 poll., pinnulae 6—8 lin. longae, basis 2 lin. lata, antice decrescentes confluentes.

P. pungens ***Pr.*** Aspidium pungens ***Kaulf. en.*** 242. ***Schlechtend. adumbr.*** 21. ***H. b.*** 2. 120. Polypodium aculeatum ***Thunb. pr.*** 172. ***Fl. cap.*** 735.

Hab. ad Prom. b. sp. ad Rondebosch. Perennans. F.

Sectio II. Pinnae basi superne auriculatae fructiferae contractae.

6. P. *acrostichoides* fronde pinnata, pinnis petiolatis lanceolatis serrulatis serratisque, serraturis mucronulatis, pinnis fructigeris superioribus contractis.

D. Frons 1—2 ped., pinnae ad poll. et dim. longae, 5—6 lin. latae, acutae seu obtusae, magis minusque serratae, stipes cum rhachi squamulosus.

Polystichum acrostichoides *Sw. Willd. sp.* 5. 225. *W. E.* 1069. *E. a.* 2. 458. *H. b.* 2. 114. Asp. auriculatum *Schkuhr Kr.* 31. *t.* 30. *excl. syn.* Nephrodium acrostichoides *Michx. am.* 2. 267.

Hab. in America boreali in rupibus, in umbrosis a Nova Anglia ad Carolinam (Pursh). Perenne.

Est varietas in Hbrio. gen. an sp.? diversa pinnis profundius serratis, fructigeris margine recurvis.

V. TECTARIA.

Frondes bipinnatifidae, bipinnatae et tripinnatifidae. ***Sori*** ad costam serie subsimplici. ***Indusium*** rotundatum medio affixum integrum firmum, sporangiis circumcirca enatis demum excussum.

Nescio quid magis ad genus distinguendum referat, quam haec excussio indusii et quidem firmi, longe diversa ab oblitteratione indusii teneri membranacei.

1. T. ***coriacea*** fronde tripinnatifida, pinnulis ovato-oblongis serrato-pinnatisectis acutis, serraturis obtusiusculis.

D. Fr. 2—3 ped., pinnae ad ped. longae, pinnulae poll. ad 2 poll. longae, 5—6 lin. latae. Frons infra cum rhachi albescens.

T. coriacea *H. b.* 2. 127. T. Calahuala *Cavanil. prael. nr.* 621. Rumohra aspidioides *Raddi bras.* 28. *t.* 43. Polystichum coriaceum *Schott.* Aspidium coriaceum *Sw. W. sp.* 5. 268. *Kaulf. en.* 243. *Schkuhr Kr.* 243. 50. *t.* 50. Aspid. capense *Sw. Willd. sp.* 5. 267. Aspidium discolor *Langsd. et Fischer ic.* 16. *t.* 18. Polypodium coriaceum *Swartz occid.* 3. 1688. Pol. adiantiforme *Forst. prodr. n.* 499. Pol. argentatum *Jacq. Schönbr.* 4. 23. *t.* 447.

Hab. in America calidiore, Jamaica, Brasilia, Bonaria, Chili austr.; Africa, Pr. b. sp., ins. Mauritii; Nova-Hollandia et Nova-Zeelandia. Perennans. T.

VI. BATHMIUM.

Frondes simplices, ternatae et ternato-pinnatisectae, ***Sori*** ad nervos laterales in areolis uniseriati. ***Indusium*** subrotundum, medio affixum, integrum, demum sporangiis circumcirca enatis elevatum.

Genus bene constitutum a Schottio et Preslio, sed nomen Aspidii incongruum; hinc nomen sumsi, quod Preslius sectioni secundae Aspidii sui proposuit.

1. B. ***trifoliatum*** frondibus simplicibus, ternatis et ternato-pinnatisectis, pinnulis pinnellisque late lanceolatis repande dentatis.

D. Fr. 1—2 ped. valde variabilis, juniores simpliciores et simplices, pinnae ad 6 poll. lgae., poll. 2 et ultra latae, magis minusque acuminatae, magis minusque margine repando-dentato.

Aspidium trifoliatum ***Sw. Willd. sp.*** 5. 243. ***E. a.*** 2. 458. ***H. b.*** 2. 102. ***Schkuhr Kr.*** 29. ***t.*** 28. Polypodium trifoliatum ***Linn. sp.*** 1547. ***Jacq. rar.*** 3. ***t.*** 638. ***Coll.*** 3. 186.

Hab. in nemoribus S. Domingo, Jamaicae, Martinicae. Perennans. C.

2. B. ***macrophyllum*** fr. pinnata, pinnis lanceolatis sinuato-crenatis acutis et obtusis, infima 2—3 partita, ultima maxima tripartita, nervis supra parum pilosis.

D. Fr. 3 ped., pinna ultima ad ped. lga., 2—3 poll. lata, omnes magis minusque acuminatae et obtusatae, nervi supra pilis brevissimis truncatulis.

Aspidium macrophyllum ***Sw. syn.*** 43 ***et*** 239. ***W. sp.*** 5. 217. ***H. b.*** 2. 113. ***Raddi bras.*** 29. Hemionitis maxima Linguae cervinae affinis ***Plum. fil.*** 124. ***t.*** 145.

Hab. in Antillis, Brasilia. Perennans. C.

Colimus nomine Aspidii fraxinifolii.

3. B. *fraxinifolium* fr. pinnata, pinnis lanceolatis crenato-repandis, acutis et obtusis, infima 2 partita, ultima tripartita parum majore sinuato-crenata, nervis supra pilis brevibus densis.

D. Fr. 3 ped., pinna ultima ad 4 poll. lga., poll. et dim. lata, magis minusque acuminata et obtusata, nervi supra pilis brevibus densis subviscidis.

Aspidium fraxinifolium ***H. b.*** **2. 113.** ***Schrad. Spreng. syst.*** **4. 96.**

Hab. in Brasilia. Perennans. C.

Colimus nomine A. macrophylli. Habitu differt a pr., pinnae enim, praesertim extima, minores.

VII. DIDYMOCHLAENA.

Frondes bipinnatae. ***Sori*** oblongi submarginales. ***Indusium*** oblongum receptaculo lineari medio affixum sporangiis enatis versus mediam partem sori reflexum.

1. D. ***sinuosa*** pinnulis petiolatis ovatis obtusissimis basi dimidiatis subcrenatis, margine superiore praesertim soriferis.

D. Frons 3 ped. alta, pinnulae ad 8 lin. lgae., 4 lin. latae. Stipes rhachisque squamulosi.

D. sinuosa ***Desvaux Berl. Mag. naturf. Fr.*** 5. 303. ***t.*** 7. ***f.*** 6. ***Kaulf. en.*** 184. Aspidium squamatum ***W. sp.*** 5. 256. Asp. truncatulum ***Sw. syn.*** 52 ***et*** 252. ***W. sp.*** 5. 256. Asp. cultratum ***Presl. del. Preg. t.*** **174.** Adiantum lunulatum ***Houtt. Pflzsyst.*** 13. 252. ***t.*** 100. ***f.*** **1.** Lonchitis ramosa et cauliculis squamosis ***Plum. fil.*** 43. ***t.*** 56.

Hab. in S. Domingo, Brasilia, Java. C.

SUBORDO 9.

VITTARIACEAE.

Sori marginales, intra marginem frondis reflexum reconditi. ***Indusium*** nullum, nisi paginam utramque marginis frondis velis.

Vittariam in horto non colimus, solum genus hujus subordinis, nam Prosaptia, quam Preslius huc refert, ad Davalliam amandanda.

SUBORDO 10.

DRYOPTERIDEAE.

Sori subrotundi, ovales et oblongi circumscripti, nec demum effusi. ***Indusium*** nullum.

Genera huc referenda.

Craspedaria. Niphobolus Auct. Marginaria Pr. partim.

Marginaria Pr. partim.

Pleopeltis Pr.

Chrysopteris. Pleopeltis Pr. et Phymatodes ej. fronde non simplici.

Campyloneurum Pr.

Anaxetum Schott. Microgramma Pr.

Polypodium Linn. Marginaria Pr. partim. Pleocnemia Pr. Amblia Pr. Goniophlebium Pr. Dictyopteris Pr. Psygmium Pr.

Goniopteris Pr.

Sphaerostephanos Kze.

Microsorium.

I. CRASPEDARIA.

Frondes simplices, steriles et fructiferae difformes. ***Sori*** subrotundi utrinque ad costam uni- pluriseriales.

Frondes soriferae non tantum contractae sunt, quod in multis Filicibus locum habet, sed quoque elongatae, quod rarius accidit. Rhizoma saepe emersum squamis tectum.

Sect. I. Pili stellati nulli. Sori uniseriales.

1. Cr. ***vaccinifolia*** frondibus sterilibus subrotundo-ovatis et ovali-oblongis glabris, soriferis linearibus, soris intra marginem frondis.

D. Rhizoma longe protensum dense squamuloso-pilosum. Frondes steriles variae longitudinis et latitudinis, vix ultra poll. longae; steriles 2—3 poll. longae, 1—2 lin. latae.

Polypodium vaccinifolium ***Langsd. et Fischer fil. t.*** 7. ***W. sp.*** 5. 145. ***Raddi bras.*** 13. ***t.*** 23. ***f.*** 2. ***H. b.*** 2. 92.

Hab. in Brasilia, frequentissima filix (Raddi). Perennans. C.

Polypodium piloselloides Linn. non huc referrem, nam tenerius, sicut quoque Pol. tectum Kaulf.

2. C. ***ciliata*** frondibus sterilibus ovalibus oblongis et lanceolatis ciliatis, soriferis linearibus, soris ultra marginem prominentibus.

D. Rhizoma longe protensum, laxe squamuloso-pilosum. Frondes steriles variae longitudinis et latitudinis, saepe parum ultra poll. lgae., soriferae 2 poll. et ultra lgae. a soris prominentibus quasi repando-dentatae.

Polypodium ciliatum ***W. sp.*** 5. 144. ***Kaulf. en.*** 88. ***H. b.*** 2. 92. Polyp. cajanense ***Desv. Berl. Mag.*** 5. 314. ***Journ. der Bot.*** 4. 457.

Hab. in Brasilia, Gujana. Perennans. C.

Sect. II. Pili stellati. Niphobolus Auct.

Pili singulares stellati praesertim in pagina inferiore frondis, saepe soros tegentes; at characterem generis in his utpote varii situs non quaero.

1. C. ***rupestris*** frondibus sterilibus obovatis in petiolum attenuatis, fructiferis longe linearibus obtusis basi attenuatis, utrisque subtus tomentosis, soris biserialibus et subbiserialibus.

D. Fr. ster. poll. et u. lgae., 6 lin. et u. latae, fr. 6 poll. lgae., 3 lin. latae.

Niphobolus rupestris ***Spreng. syst.*** 4. 44. ***Hooker et Grev. fil.*** 1. ***t.*** 93. ***H. b.*** 2. 111. Polypodium rupestre ***R. Br. pr.*** 146 ***(e. g.*** 2.***)***.

Hab. in Australia. Perennans. C.

2. C. ***pertusa*** fr. ster. longe lanceolatis obtusis margine reflexis in stipitem attenuatis, fertilibus supra versus apicem papillosis, utrisque pilis sparsis subtus crebrioribus, soris triserialibus confluentibus.

D. Fr. ster. 4—10 poll. lgae., 6 lin. latae, fr. fert. 6 poll. lgae., 2 lin. latae; pili inter soros creberrimi.

Niphobol. pertusus ***Spreng. syst.*** 4. 44. ***H. b.*** 2. 111. N. varius ***Kaulf. fil.*** 125. ***Blume jav.*** 1. 54. ***t.*** 21.

Hab. in montosis Javae, in insula Guahan (de Chamisso). Perennans. C.

3. Cr. ***chinensis*** fr. sterilib. longe lanceolatis acuminatis in stipitem attenuatis supra pilis sparsis, subtus in tomentum ferrugineum complexis.

D. Fr. 9 poll. lga., lamina 5—6 poll. fere poll. lata carnosula.

Hab. in China? Perennans. C.

Hoc nomine colimus. Fructus non vidi. Dubia igitur planta.

II. MARGINARIA.

Frondes simplices steriles et fructiferae conformes. ***Sori*** subrotundi in nervulis lateralibus utrinque ad costam pluriseriales.

Frondis margo saepe incrassatus.

1. M. ***dimorpha*** frondibus linearibus et longe lanceolatis longe acutatis in petiolum attenuatis subrepandis, soris in seriebus 2—3 irregulariter dispositis.

D. Frondes 1—2 ped. lgae., aliae 3—4 lin. latae, aliae pollicem latae margine incrassato.
Polypodium dimorphum ***H. b.*** 2, 88. P. angustifolium ***E. a.*** 2. 457. P. ensifolium ***W.? Presl. rel.*** 1. 21. ***Kunze Linnaea*** 9. 37.

Hab. in Regno Mexicano. Brasilia? Perennans. C.

Dimorpham vocaveram quia aliae frondes lineares, aliae lanceolatae sunt, in eadem scilicet stirpe. Habemus specimina a Schiedeo lecta, nomine Polyp. taeniosi alia frondibus angustis, alia latioribus.

III. PLEOPELTIS.

Frondes simplices, steriles et fructiferae conformes. ***Sori*** subrotundi secundum costam frondis serie simplici distributi.

Nomen ab indusiis spuriis desumtum, quibus frons in quibusdam speciebus inspersa est. Ad genus distinguendum non valent, non quia vera indusia non sunt, nam omnis pars re vera constans ad genera distinguenda adhiberi potest, sed quia certis locis non inveniuntur; hinc partes inconstantes sunt.

1. P. *lycopodioides* fr. lanceolata in stipitem brevem attenuata breviter acuminata subrepanda, caule elongato repente.

D. Caulis plures pedes longus squamulis tectus. Fr. ad 4 poll. lga., 8 lin. — poll. lata, stipes 6 lin.

Pleopeltis lycopodioides *Pr.* Polypodium lycopodioides *Linn. W. sp.* 5. 150. *Schkuhr Kr.* 187. *t.* 8 *c.* Lingua scandens cauliculis squamosis *Plum. fil.* 104. *t.* 113.

Hab. in sylvis Martinicae, Hispaniolae, Jamaicae, Cumanae, inque insula Maritii. Perennans. C. Fructus nondum protulit.

2. Pl. *iteophylla* fronde lanceolata basi attenuata longe acutata, soris immersis, caule repente squamoso, squamis apice laceris.

D. Fr. 7 poll. lata, petiolus poll. longus. Nervi reticulati eminentes.

Polypodium iteophyllum *H. b.* 2. 88.

Hab. in Brasilia. Perennans. C.

3. Pl. *percussa* fr. lanceolata longe acutata reflexa in stipitem attenuata infra squamis minutis indusiiformibus, demum excrescentibus, caule subemerso.

D. Fr. ped. et ultra lga., poll. lata. Caulis tenuis repens. Squamae indusiiformes initio subrotundae, tum excrescentes lanceolatae. Sori in pagina superiore fovea valde impressi.

Pleopeltis percussa *Hooker et Grev. fil.* 1. *t.* 67. Polypodium percussum *Cavan. Sw. W. sp.* 5. 151. *H. b.* 2. 89. *Kaulf. en.* 90. *Langsd. et Fischer* 8. *t.* 6. *Raddi bras.* 14. *t.* 24. *f.* 1.

Hab. in Brasilia, Surinamo. Perennans. C.

IV. CHRYSOPTERIS.

Frondes juniores simplices tum partitae et pinnatifidae. ***Sori*** subrotundi, secundum costas pinnellarum serie unica pluribusve dispositi.

A Polypodiis fronde pinnatifida distinguitur, eo quod

in his pinnellae jam a prima formatione frondis separatae et hinc sat constantes sint, in Chrysopteride vero frons aut simplex aut parum partita demum magis partita evadat et sic lacinias sistat. Costa quoque rhachi non inserta est, ut in Polypodio, sed rhachis in ramos dividitur, rarius ad latus flectitur et ita costam laciniae efficit.

Rhizomata saepe emersa, magis minusque squamis tecta. Nervi laterales pinnarum et pinnellarum reticulati.

1. Chr. ***aurea*** fr. pinnatifida subtus glaucescente, pinnellis suboppositis lanceatis longe acuminatis repandis, soris uniseriatis sparsisve.

D. Frons 1—2 ped., pinnellae variae longitudinis ad poll. latae, ala connectens utrinque 6 lin. lata.

Polypodium aureum ***Linn. W. sp.*** 5. 169. ***W. E.*** 1068. ***E. a.*** 2. 457. ***H. b.*** 2. 99. P. majus aureum ***Plum. fil.*** 59. ***t.*** 76. Pleopeltis aurea ***Presl.***

Hab. in Indiae occidentalis et Surinami arboribus. Perennans. C.

2. Chr. ***sporadocarpa*** fronde profunde pinnatifida subtus glauca, pinnellis lanceatis obtusis aut breviter acutatis repandis, soris uniseriatis.

D. Fr. 1—2 ped. lga., pinnellae 4—5 poll. lgae., 6 lin. latae, ala connectens utrinque 3 lin. lata.

Polypodium sporadocarpum ***W. sp.*** 5. 171. ***H. b.*** 2. 99. P. areolatum ***Willd. Schiede Linnaea*** 5. 606.

Hab. in Regno Mexicano prope Jalapa in Cumana. Perennans. C.

Nostrum est P. areolatum Schiedei, nam Willdenowii planta minor est subtus non glaucescens, nec tam profunde pinnatifida. Polyp. sporadocarpum Willd. sec. Hbr. majus quidem est, et non tam profunde pinnatifidum, sed tamen valde affine et vix specie diversum.

3. Chr. ***pulvinata*** fronde profunde pinnatifida, subtus

glaucescente, pinnellis lanceatis longe acutatis crenulato repandis, inferioribus separatis, soris uniseriatis.

D. Fr. 1—3 ped. alta, pinnellae ad 5—6 poll. longae, 6—7 lin. latae, hinc inde crenulatae, crenis longis, ala connectens utrinque vix 3 lin.

Polypodium pulvinatum ***H. b.*** **2. 99.**

Hab. in Brasilia. Perennans. C.

4. Chr. ***Phymatodes*** fronde pinnatifida, laciniis lanceatis apice variis integris, soris ovalibus immersis, stipite mediocri nudiusculo.

D. Fr. 1—2 ped., laciniae subdistantes 3—4 poll. longae, poll. latae, ala connectente utrinque 4—5 lin. lata., stipes semiped. Sori lin. diametr.

Polypodium phymatodes ***Linn. W. sp.*** **5. 133.** ***W. E.*** **1068.** ***E. a.*** **2. 457.** ***H. b.*** **2. 92. 93.** ***Kaulf. en.*** **98.** ***Schkuhr Kr.*** **10. 188.** ***t.*** **8. 9. 17.** ***Jacq. ic.*** **3. 637.**

Hab. in arboribus Indiae orientalis praesertim insularum, Ins. Mauritii, Radack (de Chamisso). Perennans. C. Soros non protulit.

5. Chr. ***longipes*** fr. pinnatifida basi attenuata, laciniis suboppositis lanceatis, aliis elongatis acutis, aliis abbreviatis rotundatis, terminali elongata, stipite longo nudiusculo, soris ovalibus immersis.

D. Fr. 1—3 ped., laciniae subdistantes, aliae 3—5 poll. lgae., poll. latae, aliae vix poll. lgae., ala connectens 6 lin. lata, stipes fere ped. lgus.

Polypodium alternifolium ***H. b.*** **2. 93.**

Hab. in India orientali sec. Willdenowium. Perennans. C.

Specimen P. a. in Hbrio Willdenow. non sat convenit, sori minores, frondes profundius dissectae sunt; hinc melius putavi distinguere. Nostrum constans permansit.

6. Chr. ***terminalis*** fronde pinnatifida, basi attenuata,

laciniis suboppositis lanceatis obtusatis, hinc inde rotundate incisis, terminali parum elongata, stipite mediocri nudiusculo.

D. Fr. ped. alta, laciniae approximatae 3—4 poll. lgae., 6—8 lin. latae, ala connectens cito decrescens a 6 lin. ad lineam, stipes 3—4 poll.

Polypodium terminale ***H. b.*** 2. 93.

Hab. . . . . Perennans. C. Soros non protulit.

7. Chr. ***lepidopoda*** fr. pinnatifida basi attenuata, laciniis suboppositis lanceatis obtusatis, hinc inde rotundate incisis, terminali parum elongata, stipite longo squamuloso.

D. Fr. ped., laciniae 3—4 poll. lgae., 8 lin. latae, ala connectens 6 lin., stipes fere pedulis.

Polypodium lepidopodum ***H. b.*** 2. 94.

Hab. . . . . Hort. Loddiges. Perennans. C. Soros non protulit.

8. Chr. ***peltidea*** fronde pinnatifida basi attenuata, laciniis suboppositis lanceatis, terminali elongata, subtus squamis indusiiformibus, stipite mediocri.

D. Fr. ped. et ultra, laciniae 3—4 poll. lgae., 5 lin. latae, squamae indusiiformes rotundatae.

Polypodium peltideum ***H. b.*** 2. 95.

Hab. . . . . Hort. Loddiges. Perennans. C.

9. Chr. ***Billardieri*** fr. demum pinnatifida basi longe attenuata undulata, laciniis suboppositis lanceatis, terminali elongata, nervis coerulescentibus, stipite mediocri.

D. Frons 1 — 2 ped., laciniae 5 lin. longae, 6 — 7 lin. latae.

Polypodium Billardieri ***R. Brown pr.*** 147. (3).

Hab. in Australia. Perennans. T.

Hanc speciem olim cum praecedente commutavi.

Species 6—9 apud nos fructus non protulerunt.

V. CAMPYLONEURUM.

Frons simplex pinnataque, nervis lateralibus arcu junctis. ***Sori*** e nervulis arcus proveniunt, utrinque ad nervum lateralem seriem constituentes.

Genus a Preslio bene constitutum. Arcus nervorum oritur e lateralibus secundariis junctis. Sori igitur e nervis tertiariis proveniunt. In Goniopteride vero e nervis lateralibus secundariis oriuntur.

Sectio I. Frons simplex.

1. C. ***Phillytidis*** fr. longe lanceolata obtusa et acuta, basi longe attenuata repanda undulata marginata.

D. Frons 1—2 ped. lga., ad 2—3 poll. lata. Rhizoma emersum virens, squamis rotundatis.

C. Phillytidis ***Presl.*** Polypodium Phillytidis ***Linn. W. sp.*** **5. 157.** ***E. a.*** **2. 457.** ***H. b.*** **2. 90.** Lingua cervina longis angustis et undulatis foliis major ***Plum. fil.*** **114.** ***t.*** **130.**

Hab. in sylvis Antillarum. Perennans. C.

2. C. ***brevifolium*** fr. late lanceolata breviter acutata obtusiuscula, basi attenuata non marginata.

D. Fr. 7—8 poll. lga., ad 2 poll. et dim. lata. Soros non protulit.

Polypodium brevifolium ***H. b.*** **2. 90.**

Hab. . . . . . Hort. Loddiges. Perennans. C.

3. C ***repens*** fr. longe lanceolata longe acutata basi attenuata subrepanda subundulata tenui marginata.

D. Fr. 1—2 ped. lga., 1—2 poll. lata; nervi laterales ad 3 lin. ab invicem distant.

C. repens ***Pr.*** Polypodium repens ***Sw. syn. ind. occ.*** **3. 1635.** ***W. sp.*** **5. 157.** ***H. b.*** **2. 91.** Lingua cervina radice repente viridi punctulisque nigris notata ***Plum. fil.*** **117.** ***t.*** **134.**

Hab. in Jamaicae, Hispaniolae et Gujanae truncis arborum. Perennans. C.

4. C. ***caespitosum*** fr. longe lanceolata acutata basi attenuata subundulata subrepanda non marginata.

D. Fr. ped. lga., ad 2 poll. lata; nervi laterales ad 6 lin. ab invicem distant, saepe coerulescentes.

Polypodium caespitosum ***H. b.*** 2. 91.

Hab. . . . . . . Hort. Loddiges. Perennans. C.

Quid C. polyanthum Hort. ber. ap. Presl.?
Phymatodes zosterifolius Pr. novum constituit genus.

Sect. II. Frons pinnata.

5. C. ***decurrens*** pinnis longe lanceolatis, longe acutatis undulatis sessilibus, costa in rhachi decurrentibus.

D. Fr. 2—3 ped. alta, pinnae 9 poll. lgae., poll. et dim. latae.

P. decurrens ***Raddi bras.*** 23. ***t.*** 33. ***H. b.*** 2. 103.

Hab. in sylvis opacis montium Estrella Brasiliae. Perennans. C.

VI. ANAXETUM.

Frons simplex, nervis lateralibus excurrentibus. ***Sori*** subrotundi, serie unica inter nervos dispositi.

Campyloneuro affine genus a Schottio bene constitutum; at inter nervos laterales series sororum unica, ita ut dimidia pars pinnae cum adjacente coadunata videatur.

1. A. ***crassifolium*** fronde longe lateque lanceolata basi attenuata subrepanda marginata.

D. Frons 2—3 ped. longa, 3—4 poll. lata. Sori magni.

A. crassifolium ***Schott. gen. fil. tab.*** 2. Polypodium crassifolium ***Linn. W. sp.*** 5. 161. ***H. b.*** 2. 90. Lingua cervina amplissimis foliis ***Plum. fil.*** 107. ***t.*** 123.

Hab. in sylvis Antillarum et Regni Mexicani (Schiede), Cumanae (Hbldt.). Perennans. C.

VII. POLYPODIUM.

Frons pinnatifida, pinnata, bi- pluriesve pinnatisecta. ***Sori*** subrotundi utrinque ad costam pinnae pinnellae aut pinnulae seriebus una pluribusve dispositi.

Rhizoma in omnibus demersum aut subemersum, magis minusve squamis tectum.

Sect. I. Frons pinnatifida aut pinnata, nervis non reticulatis.

1. P. ***Paradiseae*** fr. basi pinnata ambitu lineari, pinnis lanceate linearibus, superne praesertim decurrentibus obtusiusculis apiculatis, margine scabriusculo, rhachi carinaque pubescentibus, stipite rhachique pilosis.

D. Fr. 2 ped. et ultra alta, pinnae mediae 3—4 poll. lgae., 3—4 lin. latae; pili articulati.

P. Paradiseae ***Langsd. et Fischer fil. t. 11. W. sp. 5. 179. H. b. 2. 95. Kaulf. en. 105.***

Habit. in insula Stae. Catharinae, Brasiliae. Perennans. C.

2. P. ***maenurum*** fr. medio et basi pinnata ambitu lineari, pinnis lanceate linearibus superne decurrentibus acutatis, margine scabriusculo, summis carinaque pubescentibus, stipite rhachique pilosis.

D. Fr. 2 ped. alta, pinnae 3 poll. lgae., 2 lin. latae, pili articulati.

P. maenurum ***H. b. 2. 96.***

Hab. in Brasilia. Perennans. C.

Affine pr., at diversum pinnis angustioribus multo minus decurrentibus et hinc magis separatis.

3. P. ***Moritzianum*** fronde pinnatifida, ambitu lanceolato, pinnis lanceate linearibus, basi utrinque dilatata obtusiusculis, margine scabro, rhachi costisque pilosis.

D. Fr. ped., pinnae mediae poll. et dim. longae, superne et inferne subito decrescentes, unde ambitus lanceolatus nec linearis, pili articulati, nervo medio flexo violascente.

Hab. in provincia Caracas; cl. Moritz attulit. Perennans. C.

Affine praecedentibus, sed habitu lanceolato nec lineari statim differt.

4. P. *vulgare* fr. pinnatifida ambitu lanceolato, pinnellis lanceatis obtusiusculis serrulatis serratis aut serrato-pinnatifidis.

Typus pinnellis simplicibus apice serratis.

D. Caulis subterraneus, seu rhizoma, dense squamosum. Fr. ped. longa, pinnellae 15—18 lin. lgae., 4 lin. latae. Rhachis superne costaeque flexuosae.

P. vulgare ***Linn. W. sp.* 5. 171. *W. E.* 1068. *E. a.* 2. 457. *Schkuhr Kr.* 12. *t.* 10.**

Hab. in Europa, Asia et America boreali ad rupes, muros, arbores.

Var. serrata, pinnellis undique serratis.

Hab. c. pr.

Var. aurita, pinnellis inferioribus basi superne auritis.

Var. semilacera, pinnellis infimis serrato-pinnatifidis.

Hab. in Ducatu Megapolitano prope Doberan (de Schlechtendal).

Pinnellae pinnatifidae non sorigerae.

Var. cambrica, pinnellis mediis et inferioribus inaequaliter serrato-pinnatifidis.

Hab. in Cambria rarius sorigerum, sed vidi.

Occurrit quoque pinnellis bipartitis, laciniis divaricatis.

Sect. II. Frons pinnatifida aut pinnata, nervis reticulatis praesertim versus marginem.

A. ***Sori uniseriales.***

5. P. ***harpeodes*** fr. erecta subpinnata, pinnis lancea-

tis subfalcatis basi utrinque decurrentibus longe acutatis et acutis subrepandulis.

D. Fr. 2—3 ped. alta, pinnae 3—4 poll. lgae., 6 lin. latae, ob basin decurrentem magis minusve connexae. Pinnae superiores falcatae.

P. harpeodes ***H. b.*** **2. 97.**

Hab. in Brasilia. Perennans. C.

6. P. ***vacillans*** fr. erecta pinnatifida, pinnis (pinnellis) lanceatis basi utrinque decurrentibus, longe et breve acutatis obtusis et acutis crenato repandis.

D. Fr. ad 3 ped. alta, pinnae 4 — 5 poll. et ultra longae, 6—7 lin. latae, ob basin decurrentem pleraeque connexae.

P. vacillans ***H. b.*** **2. 97.**

Hab. in Brasilia. Perennans. C.

7. P. ***latipes*** fr. patente subpinnata, pinnis pinnellisve lanceatis basi utrinque decurrentibus acutatis et acutis subrepandulis subtus pallidis.

D. Fr. 1 — 2 ped. longa, pinnae 3 poll. et ultra longae, 6 lin. latae, subtus ad majora augmenta immersim punctulata.

P. latipes ***Langsdorf et Fischer fil.*** **1.** ***t.*** **10.** ***H. b.*** **2. 96.**

Habit. in insula Stae. Catharinae, Brasiliae. Perennans. C.

P. ramosum ***H. b.*** **2. 97.** vix differt; paullo majus est, pinnis latioribus, nervis magis expressis.

8. P. ***pycnosorum*** fr. patente subpinnata, pinnis pinnellisve lanceatis basi utrinque decurrentibus acutatis et acutis subrepandis marginatis, soris inter se et costae approximatis.

D. Fr. 1—2 ped. lga., pinnae 3—4 poll. lgae., 6 lin. latae, margine cartilagineo. Sori magni.

P. attenuatum *Willd. H. b.* 2. 100 *excl. syn.*

Hab. in America calidiore. Perennans. C.

A P. attenuato Willd. nunc distinxerim soris magnis confertis et costae approximatis.

P. laetum saepe ad hanc pertinet sectionem soris scilicet uniserialibus.

B. ***Sori pluriseriales.***

9. P. ***laetum*** fr. subpinnata, pinnis pinnellisve lanceatis basi utrinque decurrentibus acutatis et acutis crenulato-subrepandis, soris subbiserialibus et biserialibus.

D. Fr. 1—2 ped., pinnae 3—4 poll. lgae., 9 lin. latae.

P. laetum ***Raddi bras.*** 19. ***t.*** 28. ***H. b.*** 2. 98.

Hab. in Brasilia, in nemoribus aliquantulum udis montium altiorum. Perennans. C.

10. P. ***meniscifolium*** pinnis subsessilibus, basi superne decurrentibus ovato-lanceolatis obtusiusculis repandis, soris biserialibus inter se et costae approximatis.

D. Fr. 1—3 ped. alta, pinnae 5—6 poll. lgae., 6—7 lin. latae, nervi in areas trapezoideas argute expressi.

P. meniscifolium ***Langsd. et Fisch. fil.*** 11. ***t.*** 12. ***W. sp.*** 5. 189. P. Preslianum ***H. b.*** 2. 102. P. longifolium ***Presl. del prag.*** 167. Marginaria meniscifolia ***Presl. pterid.*** 189.

Hab. in Brasiliae insula St. Catharinae, tum etiam prope Rio de Janeiro. Perennans. C.

Sect. III. Frons bi- et pluries pinnatisecta, decrescens.

11. P. ***Phegopteris*** fronde bipinnatifida, pinnis infimis deflexis, pinnellis lanceatis obtusis ciliatis, infimis decurrentibus cum oppositis rhombum fere formantibus, rhachi primaria et secundaria costaque pubescentibus.

D. Frons ped., pinnae 2—3 poll. longae, pinnellae 5 lin. lgae., lin. et dim. latae.

P. Phegopteris ***Linn. W. sp.*** 5. 199. ***W. E.*** 1069. ***E. a.*** 2. 457. ***H. b.*** 2. 104. ***Schkuhr Kr.*** 17. ***t.*** 20.

Hab. in sylvis Europae borealis et mediae. Perenne. D. Indig.

12. P. *concinnum* fronde bipinnatifida, pinnellis lanceatis acutiusculis subserratis falcatis, subtus subpubescentibus, infimis longioribus, soris minutis demum sparsis.

D. Fr. 1—2 ped., pinnae 2—3 poll. et ultra longae caudatae, pinnellae 4 lin. lgae., lin. et dim. latae, ala connectens lin. dim. lata; pili sparsi.

P. concinnum ***W. sp.*** 5. 201. ***H. b.*** 2. 104.

Hab. in America ad Caracas (Willd.) Chili (Poeppig). Perennans. C.

Specimen Poeppigianum in collect. pinnellas habet integerrimas.

13. P. *molliculum* fr. bipinnatifida, pinnellis lanceatis acutis subserratis subfalcatis, stipite rhachi costisque pilis brevissimis densis.

D. Fr. 1—2 ped., pinnae 1—2 poll. longae, pinnellae 2—3 lin. lgae., vix lin. latae, ala connectens semilin. lata, sori marginales demum confluentes.

P. molliculum ***Kunze.***

Hab. . . . . Perennans. C.

Polypodium compositum ***H. b.*** 2. 106. in horto periit, nec de specie certus sum.

P. *deflexum* fronde bipinnatifida, pinnellis lanceatis falcatis oblique retusis subrepandis, stipite rhachi costisque squamulosis et ferrugineo-sublanatis.

D. Frons 1—2 ped. alta, pinnae 2—3 poll. longae, pinnellae 4 lin. longae, 2 lin. latae, petiolus rhachis costaque pinnae squamis longe acutatis pilisque ferrugineis tenuibus lanatis; sori in medio nervo laterali parvi, costae approximati.

P. deflexum ***Kaulf. en.*** 114. ***H. b.*** 2. 105.

Hab. in Brasilia. Perennans. C.

Periit in horto.

Sectio IV. Frons pluries pinnatisecta pyramidata.

14. P. ***subtetragonum*** fronde bipinnatifida ambitu lanceolato, pinnellis oblongis falcatis obtusis repandulis subciliatis, soris approximatis, stipite rhachi costisque pubescentibus.

D. Fr. 1—2 ped., pinnae ad 3 poll. lgae., pinnellae 6 lin. lgae., 2—3 lin. latae, ala connectens 1—2 lin. lata; petiolus siccus subtetragonus.

P. subtetragonum ***H. b.* 2.** 105. P. tetragonum ***Schkuhr Kr.* 23. *t.* 18 *b.***

Hab. in Brasilia. Perennans. C.

15. P. ***Dryopteris*** fr. tripinnatifida ambitu triangulari, pinnis oppositis pinnellis lanceatis obtusis antice denticulatis, soris submarginalibus, stipite rhachi costisque glabris.

D. Fr. ped., lamina 3—4 poll., pinnae duae inferiores longissimae 3 poll. longae, superiores longe breviores, pinnellae 4 lin. longae, lin. et dim. latae; venae coerulescentes.

P. Dryopteris ***Linn. W. sp.* 5.** 209. ***W. E.*** 1069. ***E. a.* 2. 457. *Schkuhr Kr.* 19. *t.*** 25. ***Wallroth crypt. germ.* 14.**

Hab. in Europa media et boreali. Perenne. Indig.

16. P. ***calcareum*** fr. tripinnatifida ambitu triangulari, pinnis oppositis, pinnellis lanceatis obtusis antice denticulatis, soris marginalibus, stipite basi paleaceo, rhachi costis pilis brevissimis glandulosis.

D. Fr. ad 2 ped., lamina 5—6 poll. lga., pinnae inferiores longissimae 4—5 poll. lgae., pinnellae 4 lin. lgae., lin. et dim. latae.

P. calcareum ***Smith br.* 1117. *engl. fl.*** 4. 283. ***W. sp.*** 5. 250. ***E. a.*** 2. 457. ***H. b.*** 2. **110.**

Hab. in Anglia prope Matlock baths Derbyshire, tum

in Helvetia, Germania bor. Hercyn. scil. et Thuringia, Belgio. Perenne. D.

A praecedente sat diversum.

17. P. *hexagonopterum* fr. bi- tripinnatifida, pinnis basi lata rhachi adnatis, pinnellis lanceolatis obtusis crenato-incisis, rhachi costisque pubescentibus.

D. Frons ped. alta, stipes 6 poll., lamina 5 poll., pinnae infimae 3 poll. lgae., pinnellae 4 lin. lgae., 2 lin. latae. Stipes albens.

P. hexagonopterum *Sw. W. sp.* 5. 200. *Michx. amer.* 2. 271. Filix virginiana non ramosa etc. *Pluk. alm.* 151. *t.* 284. *f.* 2.

Hab. in sylvis humidis umbrosis solo fertili a Novo-Eboraco ad Carolinam (Pursh). Perenne. T.

18 P. *divergens* fr. quadripinnatifida, pinnulis longe lanceolatis acutis decurrentibus serrato-pinnatifidis, serraturis longe acutatis, rhachi supra sulcata et dense pubescente.

D. Frons ampla, 3 ped. et ultra lga., pinnulae poll. lgae., pinnulae vix 3 lin. lgae., stipes squamis sparsis.

P. divergens *W. sp.* 5. 209. *H. b.* 2. 108. P. multifidum *Jacq. coll.* 3. 187. *ic.* 3. *t.* 643.

Hab. ad Caracas. Perennans. C.

19. P. *effusum* fronde quadripinnatifida, pinnulis longe lanceolatis acutis decurrentibus serrato-pinnatifidis, serraturis breviter acutatis, rhachi supra sulcata subpubescente.

D. Frons amplissima 3 ped. et ultra longa; pinnulae poll. dim. longae, pinnellae 2 lin. longae, stipes squamis magnis.

P. effusum *Sw. syn.* 41. *ind. occ.* 3. 1690. *W. sp.* 5. 208. *E. a.* 2. 457. *Schkuhr Kr.* 27. *t.* 26 *c.*

Hab. in montibus Jamaicae. Perennans. C.

Praecedente tenerius, flavescenti virens, pinnulis brevioribus profundius partitis.

20. P. ***inaequale*** fronde quadripinnatifida, pinnulis pinnellisve lanceatis falcatis obtusis crenato-pinnatifidis, petiolo rhachi costisque squamulosis et pubescentibus.

D. Frondes 3 ped. altae amplae, pinnae secundariae 2—3 poll. longae, pinnulae pinnellaeve 6 lin. lgae., parum ultra lin. latae, rhachis squamulis longe acutatis supra in sulco pilis crispis.

P. inaequale ***H. b.*** 2. 107.

Hab. in Brasilia. Perennans. C.

VIII. GONIOPTERIS.

Frons pinnata. ***Sori*** subrotundi utrinque ad nervos laterales serie unica dispositi.

A. ***Nervis lateralibus rectis excurrentibus.***

P. ***asplenioides*** pinnis subpetiolatis subcordate lanceolatis obtusiusculis obtuse inciso-crenatis, petiolo rhachique pubescentibus.

D. Frons ped. et ultra lga., pinnae poll. et dim. longae, 5 lin. latae; petiolus cum fronde tener albens.

G. asplenioides ***Presl. pterid.*** 181. P. asplenioides ***Sw. syn.*** 36 ***fl. ind. occ.*** 3. 1659. ***W. sp.*** 5. 188. P. compositum ***H. b.*** 2. 106.

Hab. in sylvis montosis Jamaicae et in Brasilia. Perennans. C.

Periit in Horto.

1. P. ***crenata*** pinnis subpetiolatis lanceolatis acutis obtuse et irregulariter crenatis.

D. Fr. 1—2 ped. lga., pinnae ad 6 poll. lgae., poll. et dim. latae.

P. crenatum ***Sw. syn.*** 37. ***ind. occ.*** 3. 1661. ***W. sp.*** 5. 180. ***Kaulf. en.*** 109. ***H. b.*** 2. 103. Lingua cervina rotundius crenata ***Plum. fil.*** 93. ***t.*** 111.

Hab. in insula Stae. Crucis et S. Domingo. Perennans. C.

B. ***Nervis lateralibus flexuosis deliquescentibus.***

2. G. ***fraxinifolia*** pinnis subpetiolatis basi attenuata subito cessante lanceolatis acutiusculis repando-crenatis, soris approximatis saepe contiguis.

D. Fr. 2—3 ped. lgae., pinnae 3—4 poll. lgae., 5 lin. latae, crenis minutis; sori inferiores oppositi saepe confluunt.

G. fraxinifolia ***Presl.*** Polypodium fraxinifolium ***Jacq. ic. rar.*** 3. ***t.*** 639. ***pl. minor coll.*** 3. 187. ***Sw. syn.*** 38. ***W. sp.*** 5. 195. Pol. proliferum ***H. b.*** 2. 101.

Hab. in Brasilia. Perennans. C.

Polypodium polystichum ***H. b.*** 2. 101. vix differt a P. prolifero ibd.; nam pinnae tantummodo breviores magis crenatae, sori minores minus approximati.

IX. WOODSIA.

Frons bipinnatifida. ***Sori*** subrotundi in nervis lateralibus utrinque ad marginem serie simplici. ***Indusii*** loco cilia longa sorum cingentia.

Cilia non esse indusium jam vidit Swartzius, et bene animadvertit Preslius. Sed habitu a reliquis Polypodiis recedunt Woodsiae, Cystopteritidi proximae, ut non incongruum sit, proprium inde efficere genus.

1. W. ***hyperborea*** pinnis basi attenuatis crenato-pinnatifidis, laciniis obtusis subtus rhachique sparsim squamulosis.

D. Fr. 3—4 poll. longa, pinnae 3—4 lin. lgae.; stipes squamulis, obsitus, qui superne deficiunt. Sori marginales demum confluentes.

W. hyperborea ***R. Brown Smith engl.*** 4. 323. ***Hooker britt.*** 383. Polypodium hyperboreum ***Sw. W. sp.*** 5. 197. ***E. a.*** 2. 457. ***H. b.*** 2. 133. ***Engl. bot. ic.*** 2023. Pol. ilvense ***Vill. delph.*** 3. 849.

Hab. in montibus altis Sueciae, Germaniae, Brittanniae,

Galliae, Sibiriae. Perennis. F. Quod ex Groenlandia habemus, magis cum sequente convenit.

2. W. ***ilvensis*** pinnis basi non attenuatis crenato-pinnatifidis, laciniis obtusis subtus rhachique dense squamulosis.

D. Frons 3—4 poll., pinnae 4—5 lin. longae, squamulis superne in stipite, in rhachi et pagina inferiori pinnarum valde auctis.

W. ilvensis ***R. Brown Linn. Tr.*** **11. 1. 173.** ***Smith engl.*** **4. 322.** ***Hooker brit.*** 383. ***Engl. Bot. suppl.*** 2616. ***H. b.*** 2. **132.** ***Kaulf. en.*** 251. W. vestita ***Spreng. nov. prov.*** 44. Polypodium ilvense ***Sw. W. sp.*** 5. **198.** ***E. a.*** 2. 457. Nephrodium rufidulum ***Michx. am.*** 2. 665. Aspidium rufidulum ***Sw. W. sp.*** 5. 282.

Hab. in montibus alpestribus Sueciae, Germaniae, Brittanniae, Italiae, Sibiriae, Americae borealis. F.

X. MICROSORIUM.

Frons simplex aut pinnatifida. ***Sori*** inter nervos laterales internos seriatim et sparsim distributi.

1. M. ***irregulare*** fr. simplice apice longe acutata interdum pinnatifida, basi in stipitem brevissimum vix ullum attenuata, repando-sinuata undulata.

D. Fr. ad tres pedes lga., 2 poll. lata, coriacea crassa nervis non conspicuis.

M. irregulare ***H. b.*** 2. 110. Polypodium iridioides ***Hook. et Grev. fil.*** **2. *t.*** 125?

Hab. in India orientali. C.

Elegans Filix. A Polypodio iridioide sec. fig. Hookerianam differt fronde crassa, in qua nervi nulli conspiciuntur, et lateralium decursus tantummodo interstitiis cognoscitur, quae sori formant.

Frons apice pinnatifida apud nos subinde occurrit, uti videtur, monstrosa.

SUBORDO 11.

GRAMMARIAE.

Sori lineares nervis impositi, circumscripti nec demum effusi. ***Indusium*** nullum.

Genera huc referenda.

Grammitis Sw. Synammia Pr. Loxogramma Pr. partim.
Xiphopteris Kaulf.
Selliguea Bory.
Gymnogramma Desv.
Schizogramma. Gymnogramma palmata Klfss. ob frondem laciniatam separandum genus.
Anogramma.
Stegnogramma Pr.
Neurogramma.
Meniscium Schreb.
Hemionitis Linn.

I. GYMNOGRAMMA.

Frons pinnata, bi- pluriesve pinatisecta. ***Sori*** lineares in nervis lateralibus distantibus.

1. G. ***polypodioides*** fr. bipinnatifida, pinnellis lanceatis subfalcatis acutis obtusisve subrepandis, stipite superne cum rhachi costisque pubescentibus.

D. Frons 2—3 ped., pinnae 3—4 poll. longae, pinnellae 6 lin. longae, 2 lin. latae, ala connectens parum ad 2 lin. lata; sori initio depauperati demum completi lineares.

G. polypodioides ***Spreng. syst.*** **4. 40.** ***H. b.*** **2. 50.** Ceterach polypodioides ***Raddi bras.*** **10.** ***t.*** **22.** Polystichum Gymnogrammoides ***Gaudich. voy.*** **324.**

Hab. in Brasilia, copiose in monte Corcovado (Raddi). Perennans. C.

Gymnogramma Raddiana *H. b.* 2. 50. ob soros partim effusos distinxi, quod vero ab aetate ortum videtur. Ceterum ala connectens paullulum latior est, ac in G. polypodioide, unde habitus alienus.

2. G. *villosa* fr. bipinnatifida, pinnellis lanceatis subfalcatis acutis obtusisve, superne cum rhachi costisque villoso-pubescentibus.

D. Fr. 2—3 ped. alta, pinnae 3—4 poll. lgae., pinnellae 6 lin. longae, 2 lin. latae, ala connectens 2 lin. et ultra lata, pili longiusculi patuli.

G. villosa *H. b.* 2. 51.

Hab. in provincia Caracas, Brasilia? Perennans. C.

Affinis praecedenti, ut varietatem dicas hirsutam; at ex aliis habemus provinciis.

II. ANOGRAMMA.

Frondes inferiores et juniores bipinnatifidae, superiores et adultiores pluries pinnatisectae. ***Sori*** in apicibus pinnularum juniorum et simpliciorum incipientes, tum per nervos adultiorum et partitorum perreptantes.

Singularis habitus, nam frons juniore status patet, tum vero erigitur, et magis partita evadit, suadet genere separare filiculam nulli alii affinem.

1. A. *leptophylla* frondibus inferioribus bipinnatifidis, superioribus tripinnatifidis, pinnulis cuneiformibus, apice incisis.

D. Frondes inferiores et juniores 2 poll. lgae., superiores adultae 6 poll., pinnulae juniorum 2 lin. lgae., 3—4 lin. latae, adultiorum 2 lin. lgae., lin. latae.

Gymnogramma leptophylla ***Desv. Berl. Mag.*** 5. 305. ***Kaulf. en.*** 81. ***Hooker et Grev. fil.*** 1. *t.* 25. ***H. b.*** 2. 51.

Grammitis leptophylla *Sw. syn.* 23. 218. *t.* 1. *f.* 6. *W. sp.* 5. 143. Polypodium leptophyllum *Linn. sp.* 1553. *Schkuhr Kr.* 26. *t.* 26. Acrostichum leptophyllum *Cand. fr.* 2. 565. Adiantum filicinum leptophyllum elatius hispanicum *Barrel rar.* 1276. *ic.* 431.

Hab. in Lusitania, Hispania, Regno Neapolitano, Sicilia, Morea. Perennans. C.

2. A. *chaerophylla* frondibus inferioribus bipinnatifidis superioribus quadripinnatifidis, pinnulis apice et undique incisis.

D. Fr. inferiores 3—4 poll. lgae., adultae 6—8 poll. pinnulae inferiorum 8 lin. lgae., 4 lin. latae, superiorum vix lin. lgae. et latae.

Gymnogramma chaerophylla *Desv. Berl. Mag. n. F.* 5. 305. *Kaulf. en.* 82. *Hooker et Grev. fil.* 1. *t.* 45. *H. b.* 2. 52. Hemionitis chaerophylla *Poiret. enc. meth. suppl.* 3. 38.

Hab. in Jamaica, Bonaria, Montevideo. Perennans. C.

III. NEUROGRAMMA.

Frons pinnata pluriesque pinnatisecta nec non pedate bipinnatifida. *Sori* lineares nervos laterales obtegentes approximatos parallelos.

1. N. *rufa* fr. pinnata, pinnis subsessilibus ovatis cordatis hinc inde partitis obtusiusculis supra molliter pilosis, stipite et rhachi rufis villosis.

D. Fr. ped., pinnae ad 2 poll. lgae., 6 lin. latae, subtus sporangiis ubique tectae.

Gymnogramma rufa *Desv. Berl. Mag.* 5. 304. *Kaulf. en.* 70. *H. b.* 2. 49. Hemionitis rufa *Sw. syn.* 20. 210. *Suensk. Ac. handl.* 56. *t.* 4. *f.* 2. *W. sp.* 5. 129. *E. a.* 2. 457. *Schkuhr Kr.* 8. *t.* 17. 21. Acrostichum rufum *Linn. sp.* 1525. Asplenium tomentosum *Lam. enc.* 2. 308.

Hab. in Jamaica, Mexico et Brasilia. Perennans. C.

2. N. *tomentosa* fr. bi- tripinnatifida, pinnulis petiolatis, terminalibus elongatis, acuminatis lanceolatis et inciso-pinnatifidis, inferioribus magis minusque subrotundis, omnibus supra pilosis.

D. Fr. ped. et ultra, pinnae cum petiolo ad 5 poll. longae, pinnulae variae magnitudinis, terminales ad 3 poll. longae, poll. latae, inferiores a 6 lin. ad poll. lgae.

Gymnogramma tomentosa ***Desv. Berl. Mag.*** 5. 301. ***H. b.*** 2. 49. Hemionitis tomentosa ***Raddi bras.*** 8. ***t.*** 19. Ceterach barbatum ***Presl. del. Prag.*** 1. 162.

Hab. in Brasilia circa Rio de Janeiro. Perennans. C.

3. N. *pedata* fr. pedate bipinnatifida, pinnis quinis, pinnellis subtriangularibus subfalcatis obtusiusculis, supra pilis brevibus appressis, subtus longioribus densioribus.

D. Fr. 8 poll. longa, pinnae majores ad 2 poll. lgae., pinnellae 3 lin. lgae., 2 lin. latae.

Gymnogramma pedata ***Kaulf. en.*** 69. ***H. b.*** 2. 49. Hemionitis pedata ***Sw. syn.*** 20. 209. ***t.*** 1. ***f.*** 3. ***W. sp.*** 5. 129.

Hab. . . . . Perennans. C.

IV. MENISCIUM.

Frons pinnata. ***Sori*** lineares arcuati in nervis duos laterales jungentibus arcuatis.

1. M. *dentatum* pinnis sessilibus lanceolatis inaequaliter serratis.

D. Fr. 2 ped. alta et ultra, pinnae 3—4 poll. lgae., poll. latae.

M. dentatum ***Presl. del Prag*** 162. M. palustre ***Raddi bras.*** 9. ***t.*** 20. ***H. b.*** 2. 84.

Hab. in sylvis inundatis Brasiliae ad fluvium Inhumirim (Raddi). Perennans. C.

V. HEMIONITIS.

Frons simplex lobata, nervis reticulatis. ***Sori*** lineares nervis impositi et hinc reticulati.

1. H. ***palmata*** fr. quinqueloba, lobis ovatis acutiusculis crenatis ferrugineo-pilosis.

D. Stipes 2—8 poll. longus, lobus frondis superior poll. et dim. lgus., 8 lin. latus.

Hemionitis palmata ***Linn. W. sp.* 5. 129. *Kaulf. en.* 161.** Gymnogramma palmata ***H. b.* 2. 49.** Hemionitis aurea hirsuta ***Plum. fil.* 129. *t.* 51.**

Hab. in Antillis. Perennans. C.

SUBORDO 12.

TAENITIDEAE.

Sori lineares elongati nervos directione secantes. ***Indusium*** nullum.

Genera huc referenda.

Pleurogramma Pr.
Pteropsis Pr.
Drymoglossum Pr.
Taenitis Sw.

Nullas in horto colimus.

SUBORDO 13.

ANTROPHYACEAE.

Sori lineares, cavitatibus frondis in pagina aut in margine inserti. ***Indusium*** nullum.

Genera huc referenda.

Monogramma Schk.
Antrophyum Klf.

SUBORDO 14.

NOTOCHLAENIDEAE.

Sori lineares; sporangia in soris sparsa nec conferta ***Indusium*** nullum.

Pagina aversa frondis pilis aut squamis tecta est.

Genera huc referenda.

Ceropteris.
Ceterach Willd.
Notochlaena R. Br.

I. CEROPTERIS.

Frons bi- tripinnatisecta. ***Sori*** in nervis lateralibus e sporangiis dispersis.

Pagina frondis aversa pilis clavatis tecta est, qui pulverem ceraceum exsudant. Apex pilorum subglobosus varias continet cellulas.

Sect. I. Pinnulae subtus, rhachis stipesque junior pulvere albo insperso.

1. C. ***calomelaena*** fr. bipinnata, pinnulis infimis subpetiolatis, basi inciso-pinnatifidis, omnibus acutis apice serrato-crenatis.

D. Fr. 2 ped. et ultra longa, stipite longo, pinnae 3—4 poll. lgae., breviter petiolatae, pinnulae poll. et ultra longae, media parte 2—3 lin. latae, inferiores petiolatae.

Gymnogramma calomelanos ***Kaulf. en.*** **70.** ***H. b.*** **2.**

52. Acrostichum calomelanos ***Linn. W. sp.* 5. 128. *W. E.* 1067. *Hort. ber. t.* 40. 41. *E. a.* 2. 456. *Schkuhr Kr.* 4. *t.* 5. *Langsdorf et Fischer fil.* 6. *t.* 3. *Raddi bras.* 7.**

Hab. in Antillis, Mexico, Guyana et Brasilia. Perennans. C.

2. C. ***distans*** fronde bipinnata, pinnulis infimis sessilibus inferne decurrentibus fere totis pinnatifidis, omnibus distantibus apice serratis.

D. Fr. 2—3 ped. alta, stipite breviore, pinnae 5—6 poll. lgae. stipitatae, pinnulae sessiles 6—9 lin. lgae., medio vix 2 lin. latae.

G. distans ***H. b.*** 2. 53.

Hab. in Brasilia. Perennans. C.

Varietatem colimus G. calomelaenae proximam, sed pinnis longioribus, pinnulis magis distantibus magis incisis brevioribus, ut intermedium dicas inter G. calomelaenam et G. distantem.

3. C. ***tartarea*** fr. bipinnata, pinnulis lanceatis obtusis crenatis basi incisis.

D. Fr. ped. et ultra, pinnulae 4 lin. lgae., 1—2 lin. latae, superne et inferne decurrentes, hinc lata basi rhachi innatae.

Gymnogramma tartarea ***Desvaux Berl. Mag.*** 5. 305. ***Kaulf. en.*** 75. G. dealbata ***H. b.*** 2. 53. Hemionitis dealbata ***W. sp.*** 5. 131. ***Hort. ber.*** 1. ***t.*** 40. ***W. E.*** 1067. ***E. a.*** 2. 456. Acrostichum tartareum ***Sw. syn.*** 15.

Hab. in America calidiore, Mexico. C.

4. C. ***peruviana*** fronde bipinnata, pinnulis basi attenuatis pinnatifidis, pinnellis laciniisve antice dentatis.

D. Fr. ped. alta, pinnae 2 poll. lgae., pinnulae 4—5 lin. lgae., 1—2 lin. latae.

Gymnogramma peruviana *Desv. Berl. Mag.* 5. 329. *Kaulf. en.* 77. *E. a.* 2. 456. *H. b.* 2. 53.

Hab. in Peruvia. Perennans. C.

Sectio II. Pinnulae subtus, rhachis stipesque junior pulvere albo inspersi.

5. C. *chrysophylla* fronde bipinnata, pinnulis basi attenuatis inferne decurrentibus inciso-crenatis, crenis subdentatis.

D. Fr. ped., pinnae 2—3 poll., pinnulae 6—8 lin. lgae., 2—4 lin. latae.

Gymnogramma chrysophylla *Kaulf. en.* 74. *H. b.* 2. 54. Acrostichum chrysophyllum *Sw. syn.* 15. *fl. occ.* 3. 1598. *W. sp.* 5. 124. Filix aurea pinnulis incisis divisa *Plum. fil.* 33. *t.* 44.

Hab. in Antillis. Perennans. C.

Varietates variae, uti mihi quidem videtur, seu hybridae plantae, ut aliis quidem videtur, quas in Horto botanico colimus, sunt:

C. Martensii fr. bipinnata, pinnulis infimis subpetiolatis, basi pinnatifidis, omnibus apice serrato-crenatis.

D. Fr. 2—3 ped. alta, pinnae pinnulaeque distantes, pinnae ad 4 poll. longae, pinnulae inferiores poll. lgae.

Hybrida e. C. calomelaena et C. chrysophylla *Martens Bullet. de l'Acad. Roy. d. Bruxelles nr.* 2. 1837.

Enata in Hto. bot. Lowensi inter G. chrysophyllum et calomelaenos, et certe intermediae est formae.

C. Massoni fr. bipinnata, pinnulis infimis sessilibus, omnibus apice serratis.

D. Fr. 2—3 ped., pinnae 4—5 poll. lgae., pinnulae ultra poll. lgae.

Hybrida e. C. distante et C. chrysophylla, cfr. *Bernhardi in Otto's et Dietrich's Gartenzeit.* 8. *Jahrg. p.* 249 *et* 325.

Nil Filicibus variabilius. Hinc C. distantem a C. calomelaena ortam putaverim et simili modo C. Martensii et Massonii a C. chrysophylla. Hybridas esse progenies non facile persuadeor.

II. CETERACH.

Frons pinnatifida et bipinnatifida. *Sori* in nervis lateralibus lineares demum undique effusi squamis tecti.

1. C. *officinarum* fronde alternatim profunde pinnatifida, pinnellis triangularibus obtusissimis.

D. Fr. 3—4 poll. lga., pinnellae 4 lin. lgae. et basi 4 lin. latae.

Ceterach officinarum *W. sp.* 5. 136. *W. E.* 1008. *E. a.* 2. 457. Gymnogramma Ceterach *Spr. H. b.* 2. 54. Grammitis Ceterach *Sw. syn.* 23. *Hooker britt.* 382. Asplenium Ceterach *Linn. sp.* 1538. Asplenium s. Ceterach *Barrel. rar.* 1271 *ic.* 1043. 1053.

Hab. in Europa media et australi. Perenne. F.

2. C. *cordatum* fr. bipinnatifida, pinnellis subrotundis inciso-crenatis, squamis apice piliformibus.

D. Fr. 8 poll. et ultra, pinnae poll., pinnellae 2 lin. lgae., pinnae medio deplanato.

Ceterach cordatum *Kunze Linnaea* 10. 49. C. crenatum *Kaulf. en.* 85. *H. b.* 2. 55. Gymnogramma cordata *Schlechtend. adumbr.* 16. G. crenata *Kaulf. en.* 85. Grammitis cordata *Sw. syn.* 23. 217. *W. sp.* 5. 142. Notholaena cordata *Desv. Journ. d. Bot.* 1. 82. Acrostichum cordatum *Thunb. cap.* 732.

Hab. in Prom. b. sp. Perennans. C.

III. NOTOCHLAENA.

Frons pluries pinnatisecta. *Sori* marginales.

Pagina aversa frondis squamis pilisve tecta est, rarius nuda.

Sectio I. Frons infra squamis pilisve tecta.

1. N. *lanuginosa* fronde bipinnata, pinnulis subrotundis supra pilosis, subtus densissime lanuginosis, margine inflexo.

D. Frons stipite fere nullo, 3—4 poll. longa, pinnae 14—16 lin. lgae., pinnulae vix lin. lgae. et latae.

1. N. lanuginosa ***Desvaux enc. meth. suppl.* 4. 110. *H. b.* 2. 44.** Acrostichum velleum ***Ait. W. sp.*** 5. **132.** Acrostichum lanuginosum ***Desf. att.* 2. 400. *t.* 456. *Schkuhr Kr.* 5. *t.* 1.**

Hab. in Europa australiori, Lusitania, Hispania, Sicilia, Morea, Africa boreali, Canariis. Perennans. T.

N. ***Marantae*** fr bipinnata, pinnulis oblongis crenato-incisis supra glabris, subtus ferrugineo-pilosissimis, margine inflexo.

D. Fr. pedal. stipite longo, pinnae poll. et dim. lgae., pinnulae 4 lin. lgae., lin. latae.

M. Marantae ***Desv. Journ. d. Bot.*** **1.** 92. ***H. b.*** 2. **44.** Ceterach Marantae ***Cand. fr.*** 2. 567. Acrostichum Marantae ***Linn. W. sp.*** 5. **121.** ***Schkuhr Kr.*** 4. ***t.*** 4. ***Sturm germ. fasc.*** 4.

Hab. in Europa media et australi. Perennans. T.

Periit in Horto.

2. N. *sinuata* fr. bipinnatifida, pinnis subsessilibus distantibus oblongis sinuato-pinnatifidis supra glabris, infra squamis densissimis ciliatis ferrugineis, margine inflexo.

D. Fr. ped. et ultra, pinnae 8 lin. lgae., 3 lin. latae.

N. sinuata ***Kaulf. en.*** **135.** ***H. b.*** 2. **44.** Acrostichum sinuatum ***Sw. W. sp.*** 5. 120.

Hab. in Nova-Hispania, Peruvia. Perennans. C.

3. N. *sulcata* fr. tripinnatifida, pinnulis superne crenatis, inferne pinnatifidis pinnellis rotundatis, utrinque pilis crispis.

D. Fr. 3—4 poll. ambitu triangulari, qui in reliquis lanceolatus, pinnae poll. longae, pinnulae 6 lin., pinnellae 1—2 lin.

N. sulcata *H. b.* 2. 367. *Kunze, die Farrnkräuter* 5. *t.* 3.

Hab. in China. Perennans. C.

Stipes, rhachis et costae canaliculati.

4. N. *Eckloniana* fr. bipinnata, pinnis oppositis remotiusculis, pinnulis alternatim pinnatifidis, pinnellis triangularibus, stipite rhachi costisque ferrugineo squamoso-pilosis.

D. Fr. 9 poll. lga., pinnae 1—2 poll., pinnulae 3—4 lin. lgae., pinnellae vix lin.

N. Eckloniana *Kze Linnaea* 10. 501.

Hab. in Prom. b. sp. Perennans. T.

Filicem colimus N. *pumilae* nomine, fr. bipinnata, pinnis oppositis remotiusculis, pinnulis oblongis inferioribus incisis, anterioribus confluentibus, stipite, rhachi pinnulisque praesertim subtus squamis longis piliformibus.

D. Fr. 5—6 poll. lga., pinnae 6 lin., pinnulae 1—2 lin. lgae., stipes castaneus, pili fuscescentes longissimi.

Hab. . . . . Perennans. C.

Cum fructus non viderim, non potui genus rite determinare, sed utique Notochlaena videtur.

Sectio II. Frons infra pulvere ceraceo tecta.

5. N. *nivea* fronde tripinnata, pinnulis lyrato-pinnatifidis, pinnellis rotundatis, subtus pulvere ceraceo niveo conspersis.

D. Fr. 2—4 poll. longa, pinnae ultra poll., pinnulae 5—6 lin., pinnellae vix lin. longae. Pulvis ceraceus in junioribus sparsus, in adultioribus densus contiguus, stipes badius.

N. nivea *Desv. Journ. d. Bot.* 1. 93. *Kaulf. en.* 134.

Kunze d. Farrnkräut. 43. *t.* 22. *f.* 1. Pteris nivea *Enc. meth.* 5. 718. *Sw. syn.* 104. *W. sp.* 5. 397. Acrostichum albidulum *Sw. syn.* 16 *et* 205. *t.* 1. *f.* 2. *W. sp.* 5. 127.

Hab. in America calidiore, Mexico, Peruvia, Chili. Perennans. C.

Ad Ceropteridem accedit pulvere ceraceo.

Sectio III. Frons infra glabra.

6. N. *tenera* fr. bipinnata, pinnulis subpetiolatis oblongis obtusis integerrimis utrinque glabris, margine inflexo.

D. Fr. 2 poll. alta, pinnae 6 lin. lgae., pinnulae terminales majores 3 lin. lgae., lin. latae, stipes badius.

N. tenera *Hooker Bot. Mag. t.* 3055. *Kunze die Farrnkr.* 44. *t.* 22. *f.* 2.

Hab. in Chili. Perennans. C.

SUBORDO 15.

ACROSTICHACEAE.

Sori, saltem demum, totam paginam frondis occupantes. ***Indusium*** nullum.

Genera huc referenda.

Polybothrya Hbldt.

Acrostichum Linn. Actiniopteris Pr.? Stenosemia Pr.

Peltapteris. Acrostichum peltatum Sw. Frondes fructiferae peltatae, steriles digitatae.

Olfersia Raddi.

Campium Pr.

Platycerium Blume.

Gymnopteris Pr.

I. POLYBOTRYA.

Frondes fructiferae rhachiformes, steriles foliaceae simpliciter aut pluries pinnatisectae. ***Sori*** subrotundi mox contigui, frondis paginam alteram totam occupantes.

1. P. ***acuminata*** fr. sterili bipinnatifida bipinnatave, pinnis secundariis petiolatis, aliis lanceolatis serratis, aliis pinnula una alterave pluribusque distinctis linearibus et inde pinnatis, fr. fertili tripinnatim ramosa.

D. Frondes steriles 1—2 ped. altae, pinnae primariae 5—6 poll. longae, secundariae ad 2 poll. longae, poll. dim. latae.

P. acuminata ***H. b.*** 2. 135.

Hab. in Brasilia. Perennans. C.

2. P. ***incisa*** fr. subtripinnata, pinnulis oblongis cuneiformibus serrulatis, stipite rhachi costisque squamulosis et pubescentibus, fr. fertili tripinnata ramosa.

D. Fr. 1—2 ped. alta, pinnae 3—4 poll. lgae., pinnellae inferiores 4—5 lin. lgae., 1—2 lin. latae.

P. incisa ***H. b.*** 2. 135.

Hab. in Brasilia. Perennans. C.

3. P. ***pubens*** fr. sterili bipinnata, pinnulis subpetiolatis oblongis falcatis breviter acutis antice serrulatis, antrorsum confluentibus, rhachi primaria et secundaria brevissime squamulosis, fr. fertili bipinnata.

D. Fr. 1—2 ped., pinnae 3—5 poll. lgae., 5—7 lin. lgae., 2—3 lin. latae.

P. pubens ***Mart. pl. crypt. brasil.*** 87. ***t.*** 25.

Hab. in sylvis umbrosis ad fluvium Amazonum prope Serpa (de Martius), ad Yurimaquas in prov. Maynas (Poeppig). Perennans. C.

Ad Polybotryam refer Lomariam variabilem Willd., et Acrostichum bifurcatum Sw.

II. ACROSTICHUM.

Frons simplex. ***Sorus*** paginam inferiorem frondis totam occupans.

Sect. I. Frons simplex, nervis lateralibus simplicibus.

1. A. ***conforme*** fronde lanceolata acuta basi longe attenuata stipitata, subtus praesertim squamis substellatis laceris.

D. Fr. 4—8 poll. lga., poll. et ultra lata, stipite 3—4 poll. lgo.

A. conforme ***Sw. syn.* 10. *et* 192. *t.* 1. *f.* 1. *W. sp.* 5. 107. *Kaulf. en.* 62. *d. Schlechtdl. ad.* 14. *Blume jav.* 1. 23. *t.* 5. *H. b.* 2. 45.**

Hab. in Prom. b. sp. Perennans. T.

2. A. ***callaefolium*** fr. lanceolata acuta basi ovata, stipitata, squamis nullis.

D. Fr. lamina 6 poll. — ped. longa, 1 — 2 poll. lata, stipite ped. lgo.

A. callaefolium ***Blume jav.* 1. 22. *t.* 4. *H. b.* 2. 47.**

Hab. in Java. Perennans. C.

3. A. ***scolopendrifolium*** fr. lanceolata plerumque acuminata, basi ovata, stipitata, margine et costa squamis ferrugineis longe acutatis.

D. Fr. lamina 6 poll. — ped. lga., 1 — 2 poll. lata, stipite 6 poll.

A. scolopendrifolium ***Raddi bras.* 4. *t.* 16. *H. b.* 2. 46.**

Hab. in Brasilia. Perennans. C.

A. hybridum, quod cum hoc conjungere voluerunt, differt fronde basi sensim attenuata, nec basi ovata.

4. A. ***simplex*** fr. lanceolata acuta, basi attenuata stipitata nuda.

D. Fr. sterilis 5—6 poll. longa, poll. lata, tota nuda marginata, fertilis angustior.

A. simplex *Sw. fl. ind. occ.* 3. 1578. *W. sp.* 5. 100.

Hab. in montibus altis Jamaicae truncis muscosis innascens (Swartz). Perennans. C.

Sect. II. Frons pinnata, nervis lateralibus versus marginem reticulatis.

5. A. ***aureum*** fr. pinnis in petiolum brevem attenuatis, ovali-oblongo-longelanceolatis obtusis aut breviter acuminatis emarginatis coriaceis.

D. Frons 1—2 ped., pinnae 6—7 poll. longae, poll. latae, petiolo inferiorum 3—4 lin. lgo.

A. aureum ***Linn. Sw. W. sp.*** 5. 116. ***W. E. S.*** 60. ***E. a.*** 2. 456. ***H. b.*** 2. 46. ***Schkuhr Kr.*** 2. ***t.*** 1. ***Kaulf. en.*** 65. Lingua cervina aurea ***Plum. fil.*** 87. ***t.*** 104.

Hab. in Antillis, Mexico, Surinamo. Perennans. C.

Si quis ex hac sectione genus conficere vellet, non repugnaverim.

III. OLFERSIA.

Frondes fructiferae et steriles dissimiles. ***Sori*** marginem pinnae non solum in pagina inferiore sed quoque superiore plane occupantes.

Raddii genus optime constitutum restituo.

1. O. ***corcovadensis*** fr. sterili fertilique pinnatis, pinnis sterilibus subpetiolatis ovate lanceolatis acuminatis basi obliquis, fructiferis linearibus.

D. Filix alta, pinnae steriles 5 poll. lgae., 2 poll. latae, coriaceae glaberrimae, fertiles 3 poll. lgae., 4 lin. latae.

O. corcovadensis ***Raddi bras.*** 7. ***t.*** 14. Polybotrya Raddiana ***H. b.*** 2. 134.

Hab. in Brasiliae monte Corcovado. Perennans. C.

IV. PLATYCERIUM.

Frons simplex ramose partita. ***Sori*** paginam inferiorem frondis aut plane aut partim tegentes.

Nervi longe sub ramificatione frondis jam partiti.

1. Pl. ***alcicorne*** fronde substipitata dichotoma, subtus tenuissime tomentosa, antrorsum fructifera.

D. Fr. ped. et ultra basi attenuata superne ante ramificationes poll. et u. lata, ramificationes attenuatae. Prothallia maxima rotundata saepe lobata diu persistentia.

Pl. alcicorne ***Blume jav.*** 46. Acrostichum alcicorne ***Sw.*** 12 *et* 196. ***W. sp.*** 5. 111. ***H. b.*** 2. 47.

Hab. fere ubique intra tropicos. Perennans. C.

IV. THECASPERMAE.

ORDO VI.

HYMENOPHYLLEAE.

Frons simplex partita aut uni- pluriesve pinnatisecta. *Sporidochia* in margine frondis, sporangia continentia, gyromate cincta.

Frons harum Filicum interdum a fronde Polypodiacearum nullo modo differt, in genere vero magis tenera est, et ob cellulas majores magis reticulata apparet, ita ut ad habitum Muscorum frondosorum magis accedant. Frequentior est frons simplex et partita quam inter Polypodiaceas, et si decumbens ac radicans est, Muscis hepaticis similis evadit. Vasa spiralia vero in nervis ubique inveniuntur, et in minutissimis pinnulis frondis e. g. in Trichomane trichoideo. Sporidochium e nervo frondis formatur magis minusve producto et excavato, saepe columella e nervo transeunte. Sporangia gyromate cincta sunt, et quidem completo et transversali, quantum mihi quidem observare contigit.

I. TRICHOMANES.

Frons simplex, partita et uni- pluriesve pinnatisecta. *poridochium* turbinatum.

1. Tr. *breviselum* fronde quadripinnatifida, laciniis linearibus obtusiusculis, stipite alato, sporidochii columella tandem longe exserta.

D. Fr. lamina 8 poll. longa, 6 poll. lata pyramidata, laciniae 3 lin. lgae., lin. latae.

Tr. brevisetum ***R. Brown in Ait. Ht. Kew.*** 5. 529. ***Smith engl. fl.*** 4. 324. ***Hooker brit. fl.*** 455. ***Mackay fl. hibern.*** 344. Tr. pyxidatum ***Huds. angl.*** 461. ***Bolton fil. t.*** 30. Hymenophyllum alatum ***Engl. Bot. t.*** 1417.

Hab. in Anglia et Hibernia, locis umbrosis humidis. Perenne. F.

Genus in duo saltem dividi potest alterum columella praeditum, alterum columella destitutum.

II. HYMENOPHYLLUM.

Frons simplex partita et uni- pluriesve pinnatisecta. ***Sporidochium*** compressum, bipartitum, columella destitutum.

1. H. ***tunbridgense*** fronde pinnata, pinnis dichotome pinnatis, laciniis distichis linearibus spinulose dentatis, rhachi alata.

D. Fr. 1—2 poll., pinnae 6—8 lin. longae., laciniae 2—3 lgae., ad lin. latae. Caulis longe repens.

H. tunbridgense ***Sw. W. sp.*** 5. 521. ***Smith engl. fl.*** 4. 326. ***H. b.*** 2. 4. ***Schkuhr Kr. t.*** 135 ***d. Engl. Bot. t.*** 162. ***Mackay fl. hibern.*** 345. Trichomanes tunbridgense ***Linn. Huds.*** 461. ***Bolt. fil. t.*** 31. ***Fl. dan. t.*** 951.

Hab. in montosis Angliae, Scotiae, Hiberniae, Norvegiae, Germaniae mediae. Perenne. F.

2. H. ***Wilsoni*** fronde pinnata, pinnis dichotome pinnatis, laciniis secundis sursum curvatis linearibus, rhachi superne alata.

D. Frons 1—2 poll. longa., pinnae 5—6 lin. longae.,

laciniae 1—2—3 lin. longae, vix lin. dim. latae. Caulis longe repens.

H. Wilsoni ***Hooker brit. fl.*** **456.** ***Wilson Engl. Bot. t.*** **2686.** ***Mackay fl. hibern.*** **345.**

Hab. in Scotia freq., in Hibernia. Perenne. **F.**

Muscorum sporangium Hymenophyllearum sporidochio simillimum est. Columella per utrumque transit, et spatium inter columellam et parietes sporidochii aut sporangii, in Hymenophylleis sporangiis, in Muscis sporis occupatur. Fit igitur transitus in Muscos non solum fronde sed quoque fructu; et quidem aut per frondem solam aut per fructum solum, rarius per utramque partem simul, nam ordo Hymenophyllearum ordo secundi generis est, uti supra p. 4. exposui.

V. MASCHALOSPERMAE.

ORDO VII.

LYCOPODIACEAE.

Caulis ligno centrali, medulla nulla. ***Folia*** distincta cauli insidentia. ***Sporangia*** axillaria.

Lycopodiaceae a reliquis plantis ligno centrali differunt, quo charactere etiam Lycopodiaceas fossiles primus, ni fallor, distinxit cl. Witham. Radicibus igitur plantarum phanerogamarum similis est caulis in hisce plantis, cum illae quoque saepissime ligno centrali instructae sint, et medulla careant. Eodem modo, uti radices, ramos emittit, sola ligni centralis partitione, nullis gemmis praemissis. Lignum vasis spiralibus spiroideisque scatet, ut in reliquis Filicibus. Folia semper sessilia sunt, saepe basi cauli innata, integra nec partita, quamvis non raro serrulata et denticulata, nervo simplici instructa per medium folium decurrente. Fasciculi vasorum e ligno centrali prodeuntia ad folia excurrunt. Interdum dimorpha in eadem planta reperiuntur, aliis majoribus lateralibus, aliis minoribus medio cauli impositis. Sporangia dimorpha, alia in omnibus Lycopodiaceis et quidem in axillis foliorum et bractearum inveniuntur, plerumque reniformia unilocularia bivalvia rarius tri- tetracocca semibivalvia aut didyma bilocularia semibivalvia. Haec sporangia sporas continent distinctas, variae quidem formae, sed forma in genere et membrana extima cellulosa sporis reliquarum filicum simillimas. Non solum Willdenowius testatus est, se sporas Lycopodii clavati germinantes vidisse, sed experimentum saepius quoque in Horto nostro botanico de variis Lycopodii speciebus captum est. Hae igitur partes sporangiorum nomen merentur, ut in reliquis Filicibus et nulla ratio est, cur antheridia cum Springio vocare velles. Alia vero corpuscula sporangiis similia in genere Selaginella et quidem non minus in axillis foliorum bractearumve reperiunda e quatuor globulis composita sunt, membrana communi satis firma conclusis, quos si frangis, reperies materia gelatinosa repletos granulis pellucidis formae indeterminatae immixtis. Haec multo magis quam illa nomen antheridiorum merentur, cum a pollinis granulis variarum plantarum forma et contentis non valde abhorreant. At Brotero, Salisburius, Bischofius germinantes viderunt! Quodquidem alio modo explicare nequeo, nisi dicas totum corpusculum gemmae instar excrevisse praesertim vero membranam globulos continentem his excussis in plantulam explicatam esse.

I. LYCOPODIUM.

Sporangia unilocularia bivalvia. *Antheridia* nulla. Sporae in plerisque subglobosae, lineis tribus prominentibus.

Sectio I. Spicae pedunculatae.

Verae sunt spicae, nec amenta, nam amentum post florescentiam totum decidit.

1. L. *clavatum* caule repente, ramis adscendentibus, foliis linearibus enerviis incurvatis setigeris, spicis geminis cylindricis bracteis ovatis acuminatis eroso-denticulatis.

D. Caul. longe repens. Fol. 3 lin. lga., Pedunculus ad 2 poll. lgus, pedicelli vix lin. Spica poll.

L. clavatum ***L. W. sp.*** 5. 16. ***W. E.*** 1066. ***E. a.*** 2. 458. ***Kaulf. en.*** 3. ***Schkuhr Kr.*** 162. ***t.*** 162. ***Sturm. germ. Abth.*** 2.

Hab. in aridis sterilibus Europae, Americae et Asiae borealis et frigidae. Perenne. Indig.

2. L. *complanatum* caule erecto compresso, foliis tristichis adnatis, lateralibus apice patentibus, superficialibus appressis, spicis geminis et bis-geminis.

D. Caul. ped. Fol. parva lin. lga. Pedunculum 2 poll. lgum., pedic. ad 6 lin.

L. complanatum ***L. W. sp.*** 5. 19. ***W. E.*** 1066. ***E. a.*** 2. 454. ***Schkuhr Kr.*** 163. ***t.*** 163. ***Sturm germ.***

Hab. in sylvis acerosis Europae, Asiae et Americae borealis. Perenne. Indig.

Sect. II. Spicae subpedunculatae et sessiles.

L. ***pumilum*** caule subsimplici stricto, foliis squarrosis ovato-lanceolatis, spicis solitariis, bracteis squarrosis ovatis acuminatis.

D. Caulis poll. et dim., folia minuta, pedunculus brevissimus.

L. pumilum ***Schlechtend. adumbr.*** 6 ***a,*** qui L. pygmaeum ***Kaulf. en.*** 9. et L. bryoides ***ibd.*** 10 conjungit.

Hab. in Prom. b. sp. Annuum. Mox periit.

3. L. ***alpinum*** caule decumbente, ramis arrectis confertis strictis, foliis quadrifariis adpressis, spicis terminalibus solitariis, bracteis apice patentibus.

D. Caulis longe repens, rami 2 — 3 poll. lgi., folia parva, spicae 6 lin. lgae.,

L. alpinum ***L. W. sp.*** 5. 21. ***E. a.*** 2. 454. ***Kaulf. en.*** 11. ***Schkuhr Kr.*** 162. ***t.*** 160. ***Sturm germ.***

Hab. in Alpibus Europae et Americae borealis. Perenne. Fr.

4. L. ***annotinum*** caule repente, ramis vagis adscendentibus, foliis quinquefariis lineari-lanceolatis mucronatis apice serrulatis patentissimis, spicis solitariis terminalibus, bracteis ovatis mucronatis magis adpressis.

D. Caulis longe repens, rami saepe dichotomi, 5 — 6 poll. lgi.; folia 3 lin. lga., spicae 6 lin.

L. annotinum ***L. W. sp.*** 5. 28. ***W. E.*** 1066. ***E. a.*** 2. 455. ***Kaulf. en.*** 12. ***Schkuhr Kr.*** 162, ***t.*** 162.

Hab. in nemoribus Europae, Asiae et Americae borealis. Perenne. Indig.

5. L. ***inundatum*** caule repente, ramis subsimplicibus remotiusculis erectis, foliis linearibus acutis reflexis integerrimis, spicis terminalibus foliosis.

D. Caulis longe repens, rami 1 — 2 poll. lgi., folia 2 lin., in spicis paullo longiora.

Lyc. inundatum *Linn. W. sp.* 5. 28. *E. a.* 2. 455. *Schkuhr Kr.* 165. *t.* 165. *Sturm germ.*

Hab. in Europae et Americae borealis inundatis. Perenne. Indig.

Sectio III. Sporangia axillaria.

6. L. *Selago* caule erecto, ramis fastigiatis, foliis octifariis lineari-lanceolatis imbricato-patulis rigidis.

D. Caulis ped. a basi ramosus, folia 3—4 lin. longa.

L. Selago *Linn. W. sp.* 5. 40. *E. a.* 2. 455. *Kaulf. en.* 21. *Schkuhr Kr.* 160. *t.* 150. *Sturm. germ.* 2.

Hab. in Europa frigidiore. Perenne. Indig.

II. SELAGINELLA.

Sporangia unilocularia bivalvia. *Antheridia* tetracocca. Genus bene exposuit Springius in *Flora Brasiliensi ed. ab Steph. Endlicher et C. F. Ph. de Martius.*

Sectio I. Folia non disticha.

1. S. *selaginoides* caule repente, ramis subsimplicibus remotiusculis adscendentibus, foliis lanceolatis acutis ciliato-denticulatis, spicis terminalibus foliosis.

D. Caulis longe repens. Rami 2—3 poll. lgi. Folia caulina 2 lin. lga. et parum ultra, spicarum 3 lin. et ultra.

L. selaginoides *Linn. W. sp.* 5. 28. *E. a.* 2. 455. *Schkuhr Kr.* 165. *t.* 165. *Sturm. germ.*

Hab. in Europa et America boreali. Perenne. Indig. Sporae muriculatae.

Sectio II. Folia disticha.

2. S. *cuspidata* caule erectiusculo, ramis approximatis distichis, foliis quadrifariis ovalibus cuspidatis margie cartilagineis, inferne longius ciliatis.

D. Caulis suberectus semipedulis. Folia vix lin. lga., dense imbricata in caule et ramis, cuspide longo albo.

Lycocpodium cuspidatum ***H. b.* 2. 161.** Lycop. circinale? ***Kze. Linnaea* 5. 622.**

Hab. in Mexico. Perenne. C.

Folia in ramis junioribus non disticha.

S. ***helvetica*** caule repente, foliis dimorphis quadrifariis ovali-oblongis obtusiusculis, spicis pedunculatis.

D. Caulis longe lateque repens terrae appressus, musciformis. Folia lin. lga., vix lin. dimid. lata.

Lycopodium helveticum ***Linn. W. sp.* 5. 33. *E. a.* 2. 255. *H. b.* 2. 162. *Schkuhr Kr.* 166. *t.* 165. *Sturm. germ.***

Hab. in Alpibus Europae mediae; descendit ad montes inferiores. Perenne. F.

2. S. ***denticulata*** caule repente, foliis quadrifariis ovali-oblongis acutis cuspidatisque denticulatis, spicis sessilibus.

D. Caulis longe lateque repens terrae appressus musciformis. Folia lin. lga., lin. dim. lata.

L. denticulatum ***Linn. W. sp.* 5. 34. *E. a.* 2. 455. *Kaulf. en.* 17. *Broter lusit.* 2. 420. *Id. Act. Soc. Linn. volum.* 5.**

Hab. in Lusitania frequens, Hispania australi, Gallia australi, Regno Neapol. Sicilia, Graecia. Perenne. C.

3. S. ***apus*** caule basi repente, foliis quadrifariis ovalibus, lateralibus obtusiusculis basi superne ampliatis, superficialibus duplo minoribus acuminatis, spicis subsessilibus.

S. apus ***Spring. brasil.* 119.** Lycopodium apodum ***Linn. W. sp.* 5. 38. *Michx. am.* 2. 284.** Lycopodium brasiliense ***Raddi bras.* 82. *t.* 1. *f.* 1. *H. b.* 2. 162.** Lycopodioides etc. ***Dillen. musc.* 467. *t.* 64. *f.* 3.**

Hab. in America bor. a Pensylvania ad Floridam (Pursh), in montosis Indiae occidentalis, nec non Brasiliae (de Martius, Raddi). Perenne. C.

4. S. ***stellata*** caule adscendente hinc sulcato, pilis

sparsis, fol. quadrifariis, lateralibus basi utrinque ampliatis lanceolatis acutis subciliatis, superficialibus triplo minoribus cauli appressis, spicis sessilibus.

D. Caulis ped. et ultra altus, basi radicibus aëreis, firmis descendentibus. Fol. lateralia distantia 2—3 lin. lga., lin. dim. lata.

Selaginella stellata ***Spring. bras.*** 129 Lycopodium stoloniferum ***W. sp.*** 5. 41. ***Raddi bras.*** 81. ***t.*** 2. ***H. b.*** 2. 162.

Hab. in Brasilia in sylvis siccioribus. Perenne. C.

III. PSILOTUM.

Sporangia tricocca et hinc trilocularia, coccis semibivalvibus. ***Antheridia*** nulla.

1. Ps. ***dichotomum*** caule erecto dichotomo, foliis brevissimis linearibus decurrentibus.

D. Caulis ultra ped. lgus., vix lin. latus, basi simplex superne dichotomus. Folia minima distantia.

Ps. triquetrum ***Sw. syn.*** 187. ***R. Brown pr.*** 163 (21). ***Spring. brasil.*** 133. Psilotum floridanum ***Michx. am.*** 2. 281. Bernhardia dichotoma ***W. sp.*** 5. 56. ***H. b.*** 2. 163. Lycopodium nudum ***Linn. sp.*** 1564. Muscus frutescens fructu tricapsulari ***Plum. fil.*** 145. 170. ***f. A. A.***

Hab. in rupibus maritimis Floridae (Pursh), in Antillis (Swartz, Plumier), Brasil. (de Martius). Perenne. C.

ADDENDA.

P. 15. OPHIOGLOSSEAE.

In structuram internam Ophioglossearum denuo inquisivi. Ophioglossi pedunculosi stolones elongati fasciculum ligneum unicum habent excentricum, uti dixi, quare cauli Lycopodiacearum similes sunt. Caulis vero cauli Equisetacearum simillimus est, cavus in medio et quidem cavitate tripartita, aut in tres sinus excavata, fasciculis ligneis tribus, ita positis, ut cum sinubus cavitatis alternent, simili modo ac in Equiseto, nisi quod in Equiseto (arvensi) octo fasciculi lignei inveniantur. Est igitur structura inter Equisetaceas et Lycopodiaceas intermedia.

In Botrychio Lunaria stolones non reperiuntur; radiculae vero sat crassae fasciculum ligneum in medio gerunt, more solito. Caulis vero ad basin constat e cavitate irregulari in medio posita, fasciculis duobus ligneis cavitati appositis et oppositis, arcuatis, extrorsum convexis. Sub fronde vero quatuor fasciculi adsunt, minores, simili modo curvati, ita ut majorum quilibet in duos minores divisus sit. Est igitur caulis intermedius inter caulem Ophioglossi seu Equisetacearum et frondem Polypodiacearum. Figuras in Icon. select. continuatis forsan dabo.

In Ophioglosso duo caules e stolonibus appositi proveniunt gemma in medio. In Botrychio spatium non adest pro hisce caulibus, hinc alter in statu gemmae restitit, et gemma ab altero inclusa est. Cfr. quae de Ophioglosseis in genere et Botrychio genere dixi.

P. 19. OSMUNDACEAE.

Fasciculus ligneus annulum constituit, non vero clausum, sed cruribus introrsum flexis. Sic in Osmunda palustri Schrad. inveni. Differt ab annulo incompleto in quibusdam Polypodiaceis e. g. Dicksonia adiantoide eo quod in his crura extrorsum flexa sint.

P. 27. LYGODIUM.

Structura frondis singularis. Fasciculus ligneus in medio stipitis unicus quidem, sed subtriangularis excisuris tribus levissimis; praesertim vero fasciculus vasorum spiralium et spiroideorum in medio tripartitus est, ita ut e duobus fasciculis curvatis compositus videatur.

P. 37. POLYPODIACEAE.

Fasciculi lignei seu vasculosi in stipite 1° plures sunt in orbem positi; secundum aetatem vero varii, uti pag. 2 dixi. Sic in stipite Polypodii aurei (Chrysopteride) juniore, fronde convoluta, tres reperiuntur, tertio e duobus composito, in stipite adulto versus basin tredecim, inferioribus sensim majoribus, versus apicem septem, infimo maximo. Tum, 2° duo adsunt arcuati, convexitate introrsum versa, in juniore stipite conjuncti, ut in Scolopendrio officinarum, Pteride aquilina, Adianto Capillo etc. Tandem 3° duo adsunt horsum vorsum flexi, in juniore stipite aut in aliis ubique juncti, ut in Aspidio patente, Gymnogramma chrysophylla, Dicksonia adiantoide etc.

P. 38. Post Pteridem aquilinam.

25. a. Pt. *arachnoidea* fr. tripinnatifida, pinnulis su-

perioribus sessilibus lanceatis oblongis obtusis, inferioribus basi pinnatifidis et pinnatis, pinnellis subtriangularibus, omnibus subtus costa pilosis, indusio ciliato.

D. Fr. 1—2 ped. alta, pinnulae poll. lgae., 2 lin. latae, stipes glabriusculus.

Pt. arachnoidea ***Desv. sec. Presl.*** Pt. lanuginosa ***Spreng. Act. Ac. Leopold. X. 1. 231. t. 16. f. 1. 2.***

Hab. in America boreali. Perenne. F.

P. 93. Asplenium Filix femina.

Asplenium Athyrium ***Spreng.*** seu Aspidium asplenioides ***Sw.*** et ***Willd.*** fronde quidem ab Aspl. Fil. fem. non differt, sed sori plerique lunati sunt, qui in Aspl. Fil. fem rarius observantur, ita ut ab hac filice distingui possit.

P. 95. Asplenium obovatum.

Adde synonymon: A. Forsteri ***Jos. Sadler de filicibus veris Hungariae Bud.*** (1830.) ***p.*** 32. cum bona descriptione.

P. 105. Post Aspidium Oreopteridem.

14 a. A. ***Goldianum*** fr. bipinnatifida, pinnellis lanceatis subfalcatis crenatis, crenis cuspidulatis, soris costae approximatis, stipite rhachique squamulosis.

D. Frons 1—2 ped. lga., pinnae 4—5 poll. longae, pinnellae 9 lin. lgae., 3 lin. latae, venis violascentibus; ala connectens angustissima. Stipes albens. Indusium initio laterale, tunc sporangiis dense enatis medio compressum et plicatum.

Aspidium Goldianum ***Hooker in Edinb. Philos. Journ.*** 6. 333. Nephrodium Goldianum ***Hooker et Grevill. fil.*** 1. ***t.*** 102.

Hab. in America septentrionali, in Canada (Goldie), prope Noveboracum (Torrey). Perenne. F.

Indusium saepe rotundum indivisum Polystichi.

Polyp. Goldianum cujus mentio fit *II. b.* 2. 106. huc pertinet. Erat planta junior, non satis explicata, sine fructibus.

P. 113. Ante TECTARIAM.

IV a. CYRTOMIUM.

Frons pinnata. ***Sori*** ad nervos laterales utrinque seriatim dispositi. ***Indusium*** rotundatum, medio affixum et supra verruculatum, integrum, firmum, sporangiis circumcirca enatis demum excussum.

1. C. *falcatum* pinnis petiolatis oblique ovatis longe acuminatis antice falcatis crenato-repandis marginatis.

D. Fr. 1—2 ped. alta, pinnae 3 poll. et dim. longae, basi poll. et dim. latae, sori 5—6 utrinque ad nervum lateralem, in nervulorum apicibus.

C. falcatum ***Presl. pterid.*** 86. Aspidium falcatum ***Sw. W. sp.*** 5. 218. Polypodium falcatum ***Thunb. jap.*** 336. ***t.*** 35. Polyp. japonicum ***Houtt. Pflzsyst.*** 13. 187. ***t.*** 98. ***f.*** 3.

Hab. in Japonia. Perenne. F.

P. 143. Post Ceropteridem Massoni.

C. ***Herminieri*** fr. bipinnatifida reclinata, pinnulis basi attenuatis pinnatifidis, pinnellis laciniisve antrorsum latescentibus, pulvere subtus flavo.

Et hanc prolem hybridam volunt, inter C. calomelaenam et C. chrysophyllam.

P. 148. Ad finem.

Nomine P. ***trapezoideis*** colimus filicem, quae nondum fructus protulit, fr. subbipinnata, pinnulis basi attenuatis superne auriculatis lanceolatis obtusis crenatis, rhachi praesertim pubescente et squamulis sparsis. Fr. ped. alta, pinnae 2—3 poll. lgae., pinnulae 6—8 lin. lgae., 2 lin. latae.
Hab. . . . . Perennans. C.

P. 150. Post Acrostichum aureum.

Nomine Acrostichi flabellifolii colimus filicem non fructigeram, fr. pinnata, pinnis subpetiolatis lanceolatis repandis, extima longissima lineari. Fr. 2—3 ped. lga., pinnae 3—4 poll. lgae., poll. 3 lin. latae, extima ultra ped. longa, poll. dim. lata. Nervi pinnarum subtus valde prominentes subviolascentes. Hab. . . . . Perennans. C.

P. 158. Post Selaginellam selaginoidem.

Hoc loco inserenda est Selaginella apus pag. 159 nr. 3 recensita, quippe quae in Selaginellas foliis non distichis et distichis intermedia est. Omissa quoque est Diagnosis S. apodis nunc addenda.

D. Caules 1—2 poll. longi parum divisi. Folia lin. longa, superiora magis conferta et imbricata, inferiora remotiuscula ad formam disticham accedentia.

Antheridia nil nisi granula pellucida continent variae magnitudinis magis minusve globulosa. Sporangia sporulas minutas subglobulosas pellucidas distincte continent, nomen sporulata.

ALIA ADDENDA.

P. 40. Post Dicksoniam rubiginosam.

4. D. *Baranetz* fr. tripinnatifida, pinnellis lanceatis subfalcatis acutis serratis, stipite, rhachi costisque pilis crispis sparsis.

D. Fr. 3—4 ped. alta, pinnae 1—2 ped. lgae., pinnellae 6—8 lin. lgae., 2 lin. latae, ala connectens lin. lata Nervi utrinque prominentes, laterales 2—3 partiti. Fructus non protulit.

D. Baranetz *Hort. angl.* Polypodium Barometz *Linn. sp.* 1553. *Loureiro cochinch.* 2. 829. Aspidium Barometz *W. sp.* 5. 268.

Habitare fertur in Cochinchina, China et Bucharia! Perennans. C.

Fabula de Agno scythico, apud *Jo. Bauhinum T.* 1, *S.* 3, *c.* 214. Fruticem esse in Tartaria, qui agnum proferat, seu potius animal, omnibus partibus agno simile, carne ejusdem saporis et a lupis expetita. Nasci e semine Melonum seminibus simili Borometz vocat, nomine procul dubio corrupto e vocabulo russico, baran, quod agnum significat, unde diminutivum baranetz. Linnaeus filicem suam e China cum radicibus habuit, ut ait et describit nostrae plantae sat similem, sec fructus. Loureiro de filice sua addit: „Istaque (sc. radix) natura sua polymorpha facile coaptatur artis beneficio in formam agni, quem Tartari vocant Barometz; vel potius in speciem canis rufi, quem tam Cochinchinenses, quam Sinenses idiomate patrio ita nominant.“ Forsan Cochinchinenses et Sinenses nomine Russico ita appellant, in utroque regno idioma patrium monosyllabum est, et littera caret, quod in vocem Barometz non quadrat

P. 58. Post Pteridem aquilinam.

Pteris aquilina nostras fere semper habet indusium ciliatum, et vidi specimina ex Anglia, quae pinnellas habent subtus pilosas. Hinc Pt. arachnoidea supra recensita aut est varietas Pt. aquilinae aut in Europa quoque Pt. arachnoidea spontanea est. Pt. lanuginosa Willd. a Pt. arachnoidea sat differt.

Pt. caudata vero ***Schkuhr Kr.*** **88. *t.* 966** uti jamjam observavit Auctor, semper indusia habet non ciliata, et si cilia adsunt, in margine folii ipso, cui indusia adnata sunt. Sori quoque latiores sunt et magis expansi, quam in Pt. aquilina vulgari. A Pt. caudata Linn. diff. pinna extima multo breviore et patria, nam hyemes nostras optime fert.

INDEX.

A.

D.

O.

P.

Ex Officina Julii Sittenfeld.

Rezept-Taschenbuch

für

Krankenkassen-Aerzte.

Kurze Zusammenstellung

der

empfehlenswertesten Arzneiverordnungen

zur

Verwendung im Bereiche

von

Krankenkassen jeder Art.

Von

Dr. med. Friedrich Hille,

Krankenkassenarzt der Eisenbahnen in Elsass-Lothringen.

Strassburg.

Verlag von Karl J. Trübner.

1889.